清代河務檔案

QINGDAI HEWU DANG'AN

《清代河務檔案》編寫組 編

10

广西师范大学出版社
GUANGXI NORMAL UNIVERSITY PRESS
·桂林·

第二部分　永定河（附滹沱河、子牙河等）

第十册目録

第二部分 永定河

（附滹沱河、子牙河等）

永定河修工册（一）

候選知府北岸同知造送

河圖一張

北肆上汛漫口堤壩各工銷冊

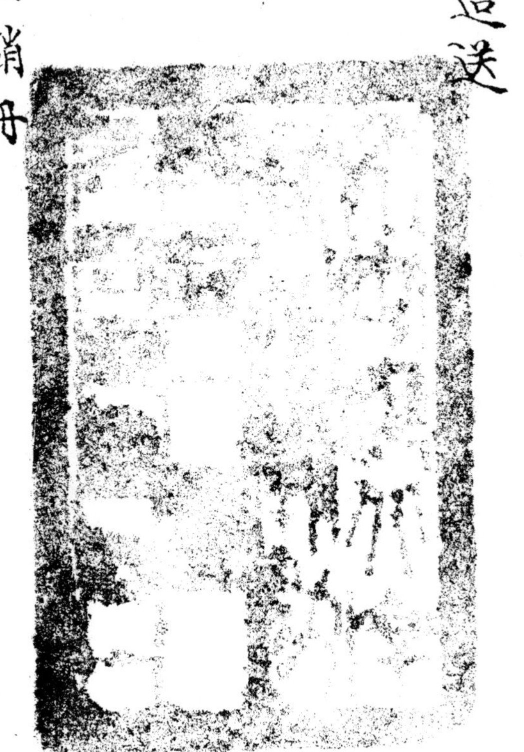

候選知府北岸同知方炳奎

呈今將北岸肆工上汛咸豐柒年堵築拾號漫口軟廂大壩邊埽加培後戧填墊跌水坑塘各工丈尺料物銀兩數目理合造具銷冊呈送須至冊者

計　呈

一東堤頭盤築裹頭軟廂壩臺壹座長貳丈寬陸丈水深柒捌玖尺至壹丈肆伍尺不等隨蟄隨廂計入水蟄深貳丈捌尺計折見方共單長叁百叁拾陸丈每軟廂寬壹丈長壹丈用苴秸軟草壹千觔運夫壹名刨運壓土夫貳名每長壹丈寬陸丈簽長叁丈肆尺徑壹尺梅花樁陸根攬草蔴繩拾貳條每條徑壹寸伍分長拾丈重壹百觔長陸尺伍寸徑伍寸拴繩橛樁拾貳根軟廂連入水蟄深共貳丈捌尺又自軟廂上廂墊高陸尺每廂墊壹層寬壹丈長壹丈用秫秸伍拾束催夫貳名每丈加長叁丈徑柒寸簽樁貳根以上廂墊折見方共單長柒拾貳丈計用

秫秸叁千陆百束
荳秸軟草叁拾叁萬陸千觔
蔴繩貳拾肆條重貳千肆百觔
長叁丈肆尺徑壹尺楊木樁拾貳根
長叁丈徑柒寸楊木樁貳拾肆根
長陸尺伍寸徑伍寸柳橛貳拾肆根
壓運夫壹千壹百伍拾貳名

一東堤頭軟廂壩臺之下安丁頭大埽陸進又西壩臺軟廂下留龍門肆丈外下丁頭大埽貳進共捌進計長捌丈每埽長壹丈寬陸丈計長肆拾捌丈每埽高壹丈長壹丈用秫秸叁百捌拾肆束柳枝柒拾伍束練繩拾捌盤蔴繩壹條重肆拾觔該處水深溜急每丈簽長叁丈肆尺徑壹尺樁木壹根催夫拾捌名柳橛壹根每埽壹進加滾肚蔴繩陸條拴繩橛陸根上水頭加揪頭繩玖條下水頭加揪頭繩捌條查該處水深

溜急於埽上廂墊入水太深必須攬束每廂寬壹丈加用勾攬繩壹條
每條均長拾丈徑壹寸伍分重壹百觔長陸尺伍寸徑伍寸拴繩柳橛壹根
廂墊貳拾捌層每廂墊壹層寬壹丈長壹丈用秫秸伍拾束傕夫貳
名加長叁丈徑柒寸簽樁貳根以上廂墊折見方共单長壹千叁百肆
拾肆丈計用
秫秸捌萬伍千陸百叁拾貳束
柳枝叁千陸百束
纓繩捌百陸拾肆盤計草貳萬伍千玖百貳拾觔
蔴繩貳百捌拾條共重貳萬伍千壹百貳拾觔
長叁丈肆尺徑壹尺楊木樁肆拾捌根
長叁丈徑柒寸楊木樁玖拾陸根
長陸尺伍寸徑伍寸柳橛貳百捌拾根
傕夫叁千伍百伍拾貳名

西

壩頭軟廂至龍門口前除留龍門口肆丈用丁頭大埽貳進已於前
段聲明外計軟廂長肆拾貳丈寬陸丈水深壹丈柒捌尺至貳丈貳
叁尺不等廂至入水蟄深叁丈折見方共单長柒千伍百陸拾每
軟廂壹層寬壹丈長壹丈用苙秸軟草壹千觔運夫壹名刨運壓
土夫貳名每長壹丈寬陸丈簽樁陸根每根長叁丈肆尺徑壹尺
攬草蔴繩拾貳條每條徑壹寸伍分長拾丈重壹百觔長陸尺伍
寸徑伍寸拴繩橛拾貳根又自軟廂上加廂捌層露明高陸尺寬壹丈
長壹丈用秫秸伍拾束催夫貳名加長叁丈徑柒寸簽樁貳根以上廂墊
折見方共单長貳千零壹拾陸丈計用

秫秸拾萬零捌百束

苙秸軟草柒百伍拾陸萬觔

蔴繩伍百零肆條共重伍萬零肆百觔

長叁丈肆尺徑壹尺楊木樁貳百伍拾貳根

長叁丈徑柒寸揚木樁伍百零肆根

長陸尺伍寸徑伍寸柳橛伍百零肆根

壓運夫貳萬陸千柒百壹拾貳名

龍門長肆丈查龍門口水勢壅注若用丁頭硬埽堵閉恐有滲漏今用軟廂合龍先用秫秸捆成大把長陸丈徑貳尺伍寸把上拴蔴繩兜攬秫秸草土安把於龍門之中每把長壹尺用過河蔴繩貳條拴於東西兩壩臺密釘橛樁隨廂隨下計用蔴繩壹百貳拾條每條長拾伍丈重捌拾觔秫秸把內用管心揪頭蔴繩叁條每條長貳拾伍丈徑壹寸伍分重貳百伍拾觔於河內淺水處簽長壹丈伍尺徑伍寸拴繩橛樁叁根即於過河繩上照軟 廂 壩臺之例先用秫秸壹層次用軟草壹層相間用土追壓該處水深貳丈壹貳尺不等並墊深貳拾捌層廂寬陸丈長肆丈折見方共单長陸百柒拾貳丈內廂苴秸軟草拾陸層折廂单長叁百捌拾肆丈每軟廂壹層寬壹丈長壹丈用苴秸軟草

壹千觔運夫壹名刨運壓土夫貳名廂秫秸拾貳層計折廂單長貳
百捌拾捌丈每廂墊壹層寬壹丈長壹丈用秫秸伍拾束僱夫貳名
龍門水深溜急速應搶築每丈加運夫壹名簽長叁丈肆尺徑壹尺梅
花簽樁伍根廂出與兩壩臺相平重壓頂土以期堅實計用
秫秸壹萬肆千肆百束
苴秸軟草叁拾捌萬肆千觔
蘇繩壹百貳拾叁條共重壹萬零叁百伍拾觔
長叁丈肆尺徑壹尺楊木樁壹百貳拾根
長壹丈伍尺徑伍寸柳木橛樁叁根
長陸尺伍寸徑伍寸柳橛貳百肆拾根
壓運夫貳千肆百名
臨
河邉埽長伍拾陸丈兩頭廂做護埽長陸拾丈共長壹百壹拾陸丈
計貳拾叁段內

壹段

下高壹丈埽長伍丈

廂墊貳拾貳層寬壹丈貳尺長伍丈折見方

每層長陸丈貳拾貳層共單長壹百

叁拾貳丈

加長叁丈徑柒寸簽樁伍根

貳段

下高壹丈埽長伍丈

廂墊貳拾貳層寬壹丈貳尺長伍丈折見方

每層長陸丈貳拾貳層共單長壹百叁

拾貳丈

加長叁丈徑柒寸簽樁伍根

叁段

下高壹丈埽長伍丈

廂墊貳拾叁層寬壹丈貳尺長伍丈折見方

每層長陸丈貳拾叁層共單長壹百叁

拾捌文

加長叁丈徑柒寸簽樁伍根

肆段

下高壹丈埽長伍丈

廂墊貳拾肆層寬壹丈貳尺長伍丈折見方

每層長陸丈貳拾肆層共單長壹百肆

拾肆文

加長叁丈徑柒寸簽樁伍根

伍段

下高壹丈埽長伍丈

廂墊貳拾肆層寬壹丈貳尺長伍丈折見方

每層長陸丈貳拾肆層共單長壹百肆

拾肆文

加長叁丈徑柒寸簽樁伍根

陸段

下高壹丈埽長伍丈

廂墊貳拾伍層寬壹丈貳尺長伍丈折見方每層長陸丈貳拾伍層共單長壹百伍拾丈

加長叁丈徑柒寸簽樁伍根

柒段

下高壹丈埽長伍丈

廂墊貳拾陸層寬壹丈貳尺長伍丈折見方每層長陸丈貳拾陸層共單長壹百伍拾陸丈

加長叁丈徑柒寸簽樁伍根

捌段

下高壹丈埽長伍丈

廂墊貳拾陸層寬壹丈貳尺長伍丈折見方每層長陸丈貳拾陸層共單長壹百伍拾陸丈

玖段

加長叁丈徑柒寸簽樁伍根

下高壹丈埽長陸丈

廂墊貳拾陸層寬壹丈貳尺長陸丈折見

方每層長柒丈貳尺貳拾陸層共單長

壹百捌拾柒丈貳尺

拾段

加長叁丈徑柒寸簽樁陸根

下高壹丈埽長伍丈

廂墊貳拾肆層寬壹丈貳尺長伍丈折見方

每層長陸丈貳拾肆層共單長壹百

肆拾肆丈

拾壹段

加長叁丈徑柒寸簽樁伍根

下高壹丈埽長伍丈

廂墊貳拾肆層寬壹丈貳尺長伍丈折見

方每層長陸丈貳拾肆層共单長壹
百肆拾肆丈
加長叁丈徑柒寸簽樁伍根

拾貳段

下高壹丈埽長伍丈
廂墊貳拾伍層寬壹丈貳尺長伍丈折見
方每層長陸丈貳拾伍層共单長壹百
伍拾丈
加長叁丈徑柒寸簽樁伍根

拾叁段

下高壹丈埽長伍丈
廂墊貳拾肆層寬壹丈貳尺長伍丈折見
方每層長陸丈貳拾肆層共单長壹
百肆拾肆丈
加長叁丈徑柒寸簽樁伍根

拾肆段

下高壹丈埽長伍丈

廂墊貳拾肆層寬壹丈貳尺長伍丈折見

方每層長陸丈貳拾肆層共单長壹

百肆拾肆丈

加長叁丈徑柒寸簽樁伍根

拾伍段

下高壹丈埽長伍丈

廂墊貳拾肆層寬壹丈貳尺長伍丈折見

方每層長陸丈貳拾肆層共单長壹百

肆拾肆丈

加長叁丈徑柒寸簽樁伍根

拾陸段

下高壹丈埽長伍丈

廂墊貳拾陸層寬壹丈貳尺長伍丈折見

方每層長陸丈貳拾陸層共单長壹

百伍拾陸丈

拾柒段

加長叁丈徑柒寸簽樁伍根

下高壹丈埽長伍丈

廂墊貳拾陸層寬壹丈貳尺長伍丈折見

方每層長陸丈貳拾陸層共單長壹

百伍拾陸丈

拾捌段

加長叁丈徑柒寸簽樁伍根

下高壹丈埽長伍丈

廂墊貳拾陸層寬壹丈貳尺長伍丈折見

方每層長陸丈貳拾陸層共單長壹百伍拾陸丈

拾玖段

加長叁丈徑柒寸簽樁伍根

下高壹丈埽長伍丈

廂墊貳拾捌層寬壹丈貳尺長伍丈折見

方每層長陸丈貳拾捌層共単長壹
百陸拾捌丈
加長叁丈徑柒寸叅椿伍根

貳拾段

下高壹丈埽長伍丈
廂墊貳拾捌層寬壹丈貳尺長伍丈折見
方每層長陸丈貳拾捌層共単長壹
百陸拾捌丈
加長叁丈徑柒寸叅椿伍根

貳拾壹段

下高壹丈埽長伍丈
廂墊貳拾陸層寬壹丈貳尺長伍丈折見
方每層長陸丈貳拾陸層共単長
壹百伍拾陸丈
加長叁丈徑柒寸叅椿伍根

贰拾贰段

下高壹丈埽長伍丈

廂墊贰拾捌層寬壹丈贰尺長伍丈折見

方每層長陸丈贰拾捌層共单長壹百

陸拾捌丈

加長叁丈徑柒寸簽樁伍根

贰拾叁段

下高壹丈埽長伍丈

廂墊贰拾贰層寬壹丈贰尺長伍丈折見

方每層長陸丈贰拾贰層共单長壹

百叁拾贰丈

加長叁丈徑柒寸簽樁伍根

以上下高壹丈埽長壹百壹拾陸丈

每埽高壹丈長壹丈用

秫秸叁百捌拾肆束

柳枝柒拾伍束

綆繩拾捌盤每盤長肆拾丈用

稻草叁拾觔

蔴繩壹條重肆拾觔

長叁丈徑柒寸椿木壹根

雇夫拾捌名

留橛壹根係椿尖截用不開價

前工計用

秫秸肆萬肆千伍百肆拾肆束

柳枝捌千柒百束

綆繩貳千零捌拾捌盤用稻草陸萬貳

千陸百肆拾觔

蔴繩壹百壹拾陸條重肆千陸百肆拾觔

長叁丈徑柒寸椿木壹百壹拾陸根

傕夫貳千零捌拾捌名

以上廂墊折見方共单長叁千肆百陸拾玖

丈貳尺

每廂墊壹層寬壹丈長壹丈用

秫秸伍拾束

傕夫貳名

前工計用

秫秸拾柒萬叁千肆百陸拾束

長叁丈徑柒寸椿木壹百壹拾陸根

傕夫陸千玖百叁拾捌名肆分

錢粮總計

秫秸肆拾貳萬貳千肆百叁拾陸束每束連運價銀捌厘

需銀叁千叁百柒拾玖兩肆錢捌分捌厘

苙秸軟草捌百貳拾捌萬觔每千觔連運價銀壹兩

需銀捌千貳百捌拾兩

柳枝壹萬貳千叁百束每束連運價銀陸厘

需銀柒拾叁兩捌錢

稻草捌萬捌千伍百陸拾觔每拾觔連運價銀壹分陸厘

需銀壹百肆拾壹兩陸錢玖分陸厘

蔴玖萬貳千玖百壹拾觔每觔連運價銀壹分捌厘

需銀壹千陸百柒拾貳兩叁錢捌分

長叁丈肆尺徑壹尺椿木肆百叁拾貳根每根連運價銀壹兩貳錢

需銀伍百壹拾捌兩肆錢

長叁丈徑柒寸椿木捌百伍拾陸根每根連運價銀伍錢伍分

需銀肆百柒拾兩零捌錢

長壹丈伍尺徑伍寸柳木樁橛叁根係砍官柳不計價

長陸尺伍寸徑伍寸柳木橛壹千零肆拾捌根係砍官柳不計價

僱夫肆萬貳千捌百肆拾貳名肆分每名工價銀肆分

需銀壹千柒百壹拾叁兩陸錢玖分陸厘

以上共需銀壹萬陸千貳百伍拾兩零貳錢陸分

再搶辦大工所用秫秸俱在遠處購買應照例加添運脚計用

秫秸肆拾貳萬貳千肆百叁拾陸束每束加添運脚銀貳厘伍毫

需銀壹千零伍拾陸兩零玖分

前工大壩帮寬後戧頂上加高長伍拾陸丈軟廂大壩頂底均寬陸丈均高陸尺今培外戧頂寬貳丈底寬叁丈伍尺高陸尺與壩頂平每丈土拾陸方伍尺又以頂寬捌丈作底加高陸尺收新頂寬伍丈每丈土叁拾玖方貳共每丈土伍拾伍方伍尺

共土叁千壹百零捌方繞越隔水遠土

又填跌水坑塘長肆拾叁丈貳尺捌寸該處水深壹丈壹貳尺至壹丈陸柒尺不等均深壹丈肆尺填築面寬伍丈底寬捌丈伍尺每丈土玖拾肆方伍尺

共土肆千零捌拾玖方玖尺陸寸繞越隔水遠土

以上共土柒千壹百玖拾柒方玖尺陸寸該處有積水坑塘繞越在貳百丈以外至叁百丈取土每方連夯硪工價銀貳錢貳分肆厘需銀壹千陸百壹拾貳兩叁錢肆分叁厘零肆絲

以上軟廂大壩臨河邊埽加添秫秸運脚培築堤工填墊跌水坑塘共需銀壹萬捌千玖百壹拾捌兩陸錢玖分叁厘零肆絲內

銷陸銀壹萬壹千叁百伍拾壹兩貳錢壹分

伍厘捌毫貳絲肆忽

賠肆銀柒千伍百陸拾柒兩肆錢柒分柒厘貳

毫壹絲陸忽内

永定河道崇　分賠銀肆千玖百玖拾玖兩柒錢肆分叁厘貳毫壹

絲陸忽

前署北岸同知現任石景山同知王茂壎分賠銀貳千伍百陸拾柒兩柒

錢叁分肆厘

咸豐捌年　　月　　日

候選知府北岸同知　造送

北肆上汎漫口衝水各工銷冊

候選知府北岸同知方炳奎

呈今將咸豐柒年堵築北肆上汛拾號漫口做過禦水工程需用土方料

物銀兩數目理合造具銷冊呈送須至冊者

計

呈

北肆上汛

拾號築挑水壩壹道工長肆拾丈頂寬陸丈底寬拾貳丈高壹丈伍

尺每丈土壹百叁拾伍方

共土伍千肆百方繞越隔堤在貳百丈以外至

叁百丈渟地取土每方連夯硪工價銀貳

錢貳分肆釐

需銀壹千貳百零玖兩陸錢

臨河邊埽長肆拾丈計捌段內

壹段

下高玖尺埽長伍丈

廂墊叁拾貳層寬壹丈貳尺長伍丈折見方每層長陸丈叁拾貳層共單長壹百玖拾貳丈

加長叁丈徑柒寸簽樁伍根

貳段

下高玖尺埽長伍丈

廂墊叁拾貳層寬壹丈貳尺長伍丈折見方每層長陸丈叁拾貳層共單長壹百玖拾貳丈

加長叁丈徑柒寸簽樁伍根

叁段

下高玖尺埽長伍丈

廂墊叁拾叁層寬壹丈貳尺長伍丈折見方每層長陸丈叁拾叁層共單長壹百玖拾捌丈

肆段

加長叁丈徑柒寸簽樁伍根
下高玖尺埽長伍丈
廂墊叁拾叁層寬壹丈貳尺長伍丈折見
方每層長陸丈叁拾叁層共單長壹百
玖拾捌丈

伍段

加長叁丈徑柒寸簽樁伍根
下高玖尺埽長伍丈
廂墊叁拾肆層寬壹丈貳尺長伍丈折見方
每層長陸丈叁拾肆層共單長貳百零
肆丈

陸段

加長叁丈徑柒寸簽樁伍根
下高玖尺埽長伍丈
廂墊叁拾肆層寬壹丈貳尺長伍丈折見

方每層長陸丈叁拾肆層共單長貳百零
肆丈
加長叁丈徑柒寸簽樁伍根

柒段

下高玖尺埽長伍丈
廂墊叁拾貳層寬壹丈貳尺長伍丈折見方
每層長陸丈叁拾貳層共單長壹百玖拾
貳丈
加長叁丈徑柒寸簽樁肆根

捌段

下高玖尺埽長伍丈
廂墊貳拾伍層寬壹丈貳尺長伍丈折見方每
層長陸丈貳拾伍層共單長壹百伍拾丈
加長叁丈徑柒寸簽樁叁根
以上下高玖尺埽長肆拾丈

每埽高玖尺長壹丈用
秫秸叁百壹拾壹束
柳枝陸拾壹束
綆繩拾陸盤每盤長肆拾丈用稻草叁
拾觔
蔴繩壹條重叁拾陸觔
長叁丈徑柒寸樁木壹根
僱夫拾肆名伍分
留橛壹根係樁尖截用不開價
前工計用
秫秸壹萬貳千肆百肆拾束
柳枝貳千肆百肆拾束
綆繩陸百肆拾盤用稻草壹萬玖千貳

百觔

蔴繩肆拾條重壹千肆百肆拾觔

長叁丈徑柒寸椿木肆拾根

僱夫伍百捌拾名

以上廂墊折見方共單長壹千伍百叁拾丈

每廂墊壹層寬壹丈長壹丈用

秫秸伍拾束

僱夫貳名

前工計用

秫秸柒萬陸千伍百束

長叁丈徑柒寸椿木叁拾柒根

僱夫叁千零陸拾名

錢糧總計

秫秸捌萬捌千玖百肆拾束 每束連運價銀捌釐

需銀柒百壹拾壹兩伍錢貳分

柳枝貳千肆百肆拾束 每束連運價銀陸釐

需銀拾肆兩陸錢肆分

稻草壹萬玖千貳百觔 每拾觔連運價銀壹分陸釐

需銀叁拾兩零柒錢貳分

蔴壹千肆百肆拾觔 每觔連運價銀壹分捌釐

需銀貳拾伍兩玖錢貳分

長叁丈徑柒寸椿木柒拾柒根 每根連運價銀伍錢伍分

需銀肆拾貳兩叁錢伍分

僱夫叁千陸百肆拾名 每名工價銀肆分

需銀壹百肆拾伍兩陸錢

以上挑水盖壩臨河邊埽共需銀貳千壹百捌拾兩

零叁錢伍分

拾叁號堤身汕塌工長玖拾丈

今築内帮月堤長玖拾丈頂寬貳丈肆尺底寬伍丈肆尺高陸尺每

丈土貳拾叁方肆尺

共土貳千壹百零陸方近土

拾肆號堤身汕塌工長捌拾陸丈

今築内帮月堤長捌拾陸丈頂寬貳丈肆尺底寬伍丈肆尺高陸尺

每丈土貳拾叁方肆尺

共土貳千零壹拾貳方肆尺近土

以上共近土肆千壹百壹拾捌方肆尺每方連

夯硪工價銀玖分肆釐

共需銀叁百捌拾柒兩壹錢貳分玖釐陸毫

北肆下汛
肆號堤帮汕刷坍塌工長肆拾捌丈
今築內帮月堤長肆拾捌丈頂寬貳丈肆尺底寬伍丈肆尺高陸尺每
丈土貳拾叁方肆尺
共土壹千壹百貳拾叁方貳尺 遠土
玖號堤帮汕刷坍塌工長壹百壹拾叁丈
今築內帮月堤長壹百壹拾叁丈頂寬貳丈肆尺底寬伍丈肆尺高
陸尺每丈土貳拾叁方肆尺
共土貳千陸百肆拾肆方貳尺 遠土
以上共遠土叁千柒百陸拾柒方肆尺係在拾伍丈
以外至伍拾丈旱地取土每方連夯硪工價銀
壹錢肆分玖釐
共需銀伍百陸拾壹兩叁錢肆分貳釐陸毫

以上貳汛禦水土埽工程共需銀叁千壹百貳拾捌

兩捌錢貳分貳釐貳毫

咸豐捌年拾壹月

日

候選知府北岸同知造送

北肆上汎漫口引河工程銷册

候選知府北岸同知方炳奎

呈今將咸豐柒年堵築北岸肆工上汛拾號漫口以下挑挖引河工程段落

長丈寬深數目理合造具銷册呈送須至册者

計 呈

大壩以下起至六道口村止間段挑挖引河分作拾肆分共長壹萬貳千

貳百玖拾玖丈

壹分河頭長壹百零捌丈挑口寬拾柒丈底寬拾貳丈陸尺深壹丈壹尺

每丈土壹百陸拾貳方捌尺

共土壹萬柒千伍百捌拾貳方肆尺

貳分長捌拾肆丈挑口寬拾柒丈底寬拾貳丈陸尺深壹丈壹尺每

丈土壹百陸拾貳方捌尺

共土壹萬叁千陸百柒拾伍方貳尺

叁分長捌拾捌丈挑口寬拾柒丈底寬拾貳丈陸尺深壹丈壹尺每丈

土壹百陸拾貳方捌尺

共土壹萬肆千叁百貳拾陸方肆尺

肆分長壹百零貳丈挑口寬拾陸丈底寬拾貳丈深壹丈每丈土壹百肆拾方

共土壹萬肆千貳百捌拾方

伍分長玖拾肆丈挑口寬拾陸丈底寬拾貳丈深壹丈每丈土壹百肆拾方

共土壹萬叁千壹百陸拾方

陸分長壹百肆拾丈挑口寬拾肆丈底寬拾丈零肆尺深玖尺每丈土壹百零玖方捌尺

共土壹萬伍千叁百柒拾貳方

柒分長壹百肆拾丈挑口寬拾肆丈底寬拾丈零捌尺深捌尺每丈土玖拾玖方貳尺

共土壹萬叁千捌百捌拾捌方

捌分長壹百捌拾丈挑口寬拾貳丈底寬玖丈貳尺深柒尺每丈土柒拾
肆方貳尺

共土壹萬叁千叁百伍拾陸方

捌分共土拾壹萬伍千陸百肆拾方係水方每方
銀壹錢壹分

需銀壹萬貳千柒百貳拾兩零肆錢

玖分長伍百零伍丈挑口寬拾丈底寬捌丈深伍尺每丈土肆拾伍方

共土貳萬貳千柒百貳拾伍方

拾分長柒百貳拾丈挑口寬捌丈底寬陸丈肆尺深肆尺每丈土貳拾捌
方捌尺

共土貳萬零柒百叁拾陸方

拾壹分長壹千貳百捌拾丈挑口寬柒丈底寬伍丈捌尺深叁尺每丈土拾

玖方貳尺

共土貳萬肆千伍百柒拾陸方

拾貳分長壹千貳百捌拾丈挑口寬伍丈底寬叁丈捌尺深叁尺每丈土拾

叁方貳尺

共土壹萬陸千捌百玖拾陸方

拾叁分長叁千捌百壹拾丈挑口寬叁丈底寬貳丈貳尺深貳尺每丈

土伍方貳尺

共土壹萬玖千捌百壹拾貳方

拾肆分長叁千柒百陸拾捌丈挑口寬叁丈底寬貳丈貳尺深貳尺每

丈土伍方貳尺

共土壹萬玖千伍百玖拾叁方陸尺

陸分共土拾貳萬肆千叁百叁拾捌方陸尺每方

銀柒分

需銀捌千柒百零叁兩柒錢零貳釐

以上共土貳拾叁萬玖千玖百柒拾捌方陸尺（方價不壹）

共需銀貳萬壹千肆百貳拾肆兩壹錢零

貳釐

咸豐捌年拾壹月

日

光緒拾壹年正月　　日

收發歲搶修等項銀箱簿

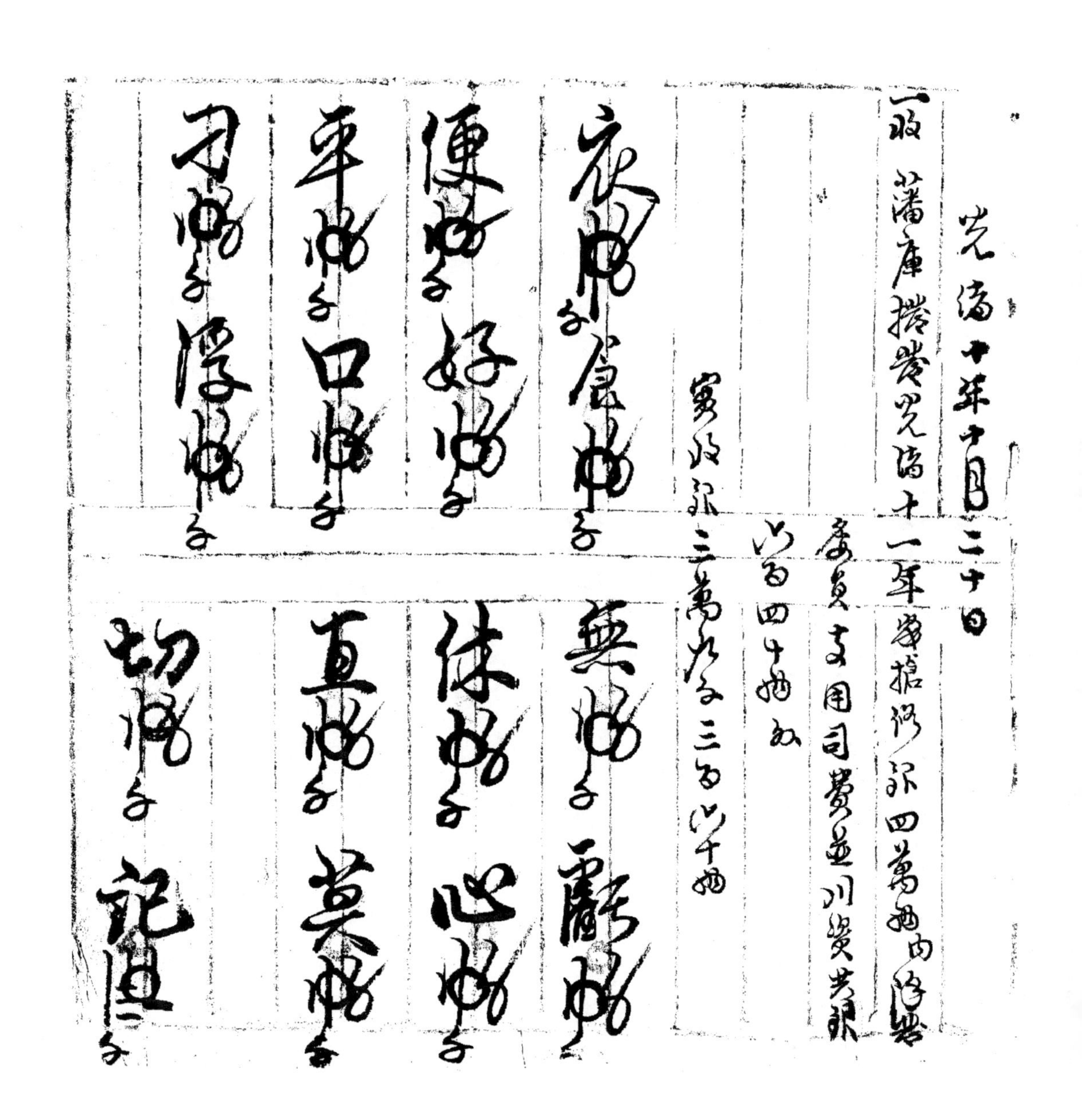

光緒十年十一月二十日

一收　藩庫撥發光緒十一年分撥給項下銀四萬兩內除撥委員支用司費並川資共銀六百四十兩外

實收銀三萬九千三百六十兩

夜字號　食字號

便字號　好字號

車字號　口字號

羽字號　浮字號

無字號　斷字號

休字號　心字號

直字號　莫字號

切字號　記進二字

三月初六日

一收 藩庫撥發光緒十一年分搶修工程共銀五萬三千九百九十兩〇六錢〇四釐內除上年借撥銀四萬兩外實應領銀一萬三千九百九十兩〇六錢〇四釐內除扣六分平並二分飯食等平外實計應領庫平銀九千〇百一十一兩三錢五分六釐內除扣一分二釐司費銀一百〇九兩二錢三分六釐二毛七絲二忽 又除書吏飯銀盤費銀一百四十兩外

實收銀八千七百六十二兩〇一分九釐九毛二絲八忽

一收 藩庫撥發光緒十一年備防秸料並加增運腳共銀三萬三千七百兩內除扣六分平並二分庫飯平外實應領銀三萬一千〇〇四兩內扣

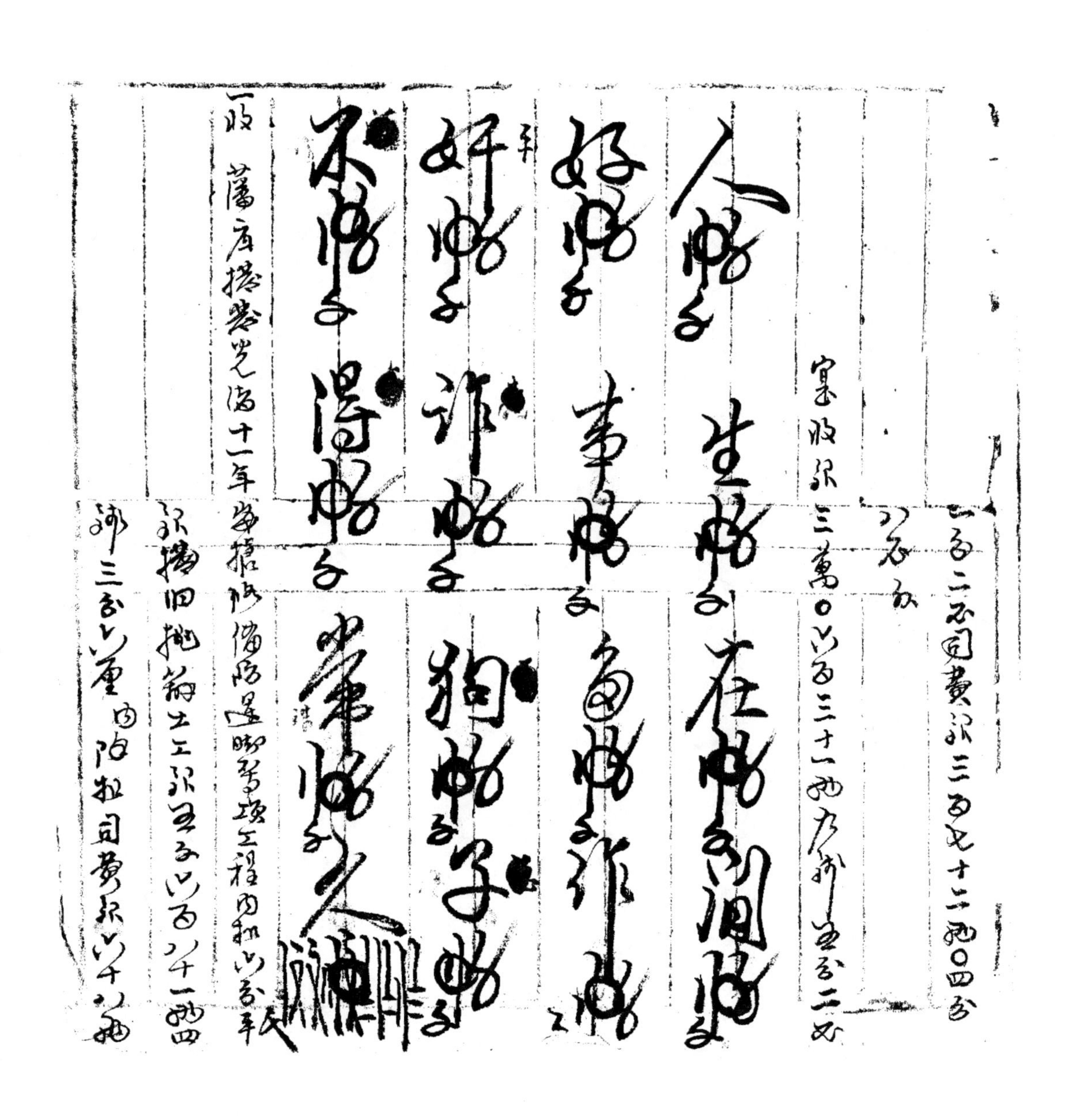

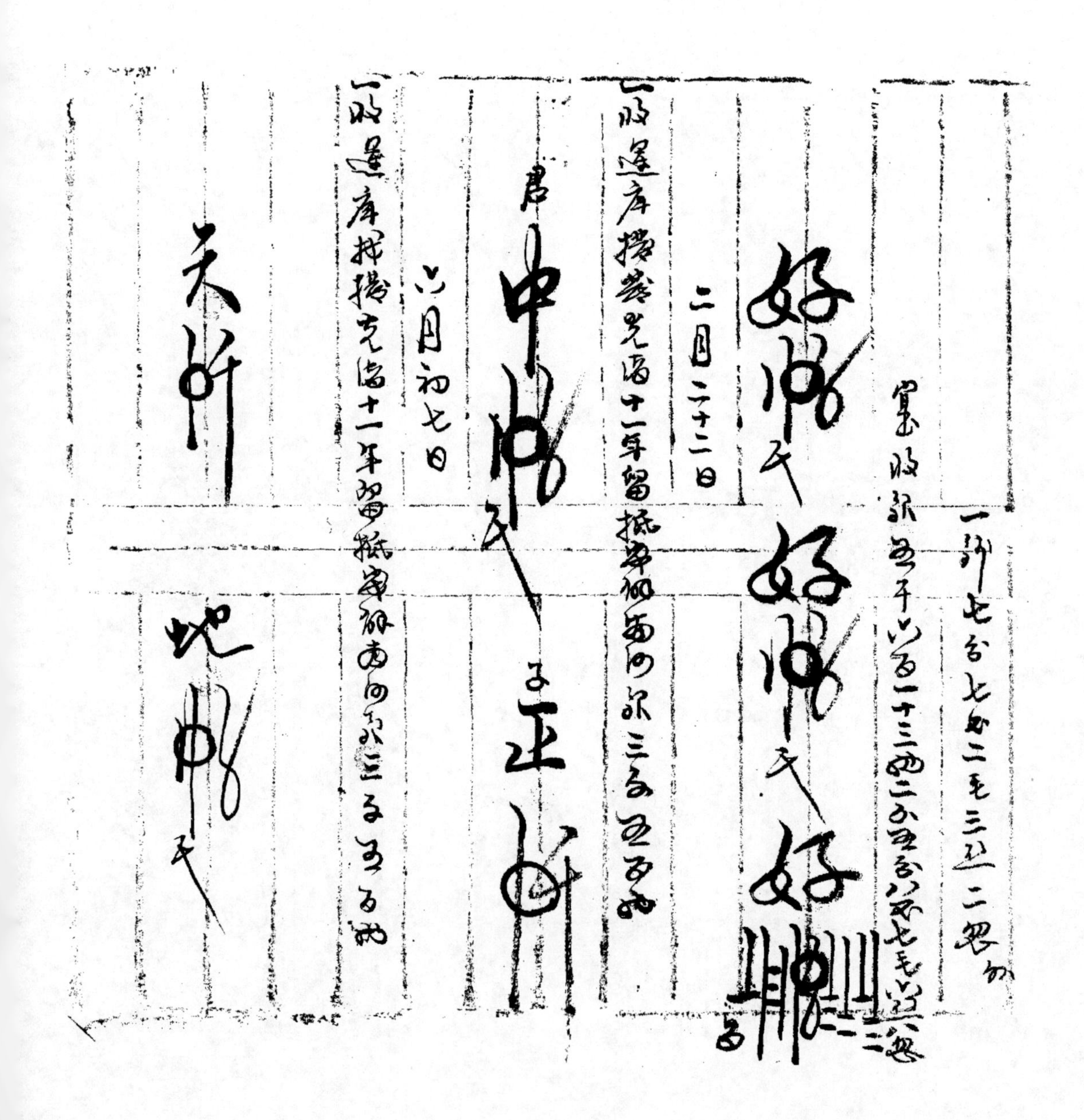

一計七分七厘二毛三絲二忽加

實收銀五千八百一十三兩二分五厘八毫七毛八絲六忽

好 好 好

二月二十二日

一收遲庫撥發光緒十一年留抵串仙面阿銀三百五十兩

君 中 正

六月初七日

一收遲庫撥撥光緒十一年留抵串仙面阿銀八三百五十兩

天 地

紅

光緒十年十月二十日

一原存庫平銀一万八百八十兩

十月二十二日

一收潮字箱庫平銀五千兩

一撥還光緒八年郡飯冊庫平銀一千九百兩

一撥還光緒七年郡飯冊庫平銀四百兩

一撥還光緒十年崇歟軒安趙郡報咨川費並郡費銀一百二十八兩二錢

一撥歸光緒十年崇搶修項下不敷銀一千四百八十八兩一錢八分八厘三毛四絲二忽

註清

一撥光緒十二年郡費兵餉庫平銀八十兩

實存銀二千八百八十三兩八錢一分一厘八毛五絲八忽

四封收訖

潘撥四封收

潘撥尾封申十

工尾六

歲搶修項下

十月二十五日

一發石景山廳領所屬各汛來年分防搶料價七成銀八千四百兩

一發南岸廳領所屬各汛來年分防搶料價七成銀一萬二千八百兩

一發北岸廳領所屬各汛來年分防搶料價七成銀四千五百兩

一發下北廳領所屬各汛來年分防搶料價七成銀二千兩

一發三角淀廳領所屬各汛來年分防搶料價七成銀八千兩

一收永定庫無虧便好休心手口五萬刀另十三個八箱庫平銀三萬二千五百兩

實存銀一千八百八十三兩八錢一分一厘八毫五絲八忽

封印

十二月十五日

一發都司協守備請領採辦來年器械價庫平銀八百兩

一發補主簿趙福齊、從九李嘉瑞署領採辦搶料車價銀二十四兩

實存銀一千二百三十八兩八錢一分一厘八毫五絲八忽

远封 [押]

十一月二十四日

一买石景山一庄价银上中仍添料二十二块，价七钱，银三百五十两

一买三角尺一庄价两足，仍添料八块，价七钱，银一百五十两

实存银七百三十九两六钱一分一厘六毛五丝八忽

远封 [押]

十二月初一日

一买石景山一庄欧收二足，仍预借来年尾运料价银八十两

一买三角尺一庄价两足，仍预借来年尾运料价银五十两

实存银六百〇九两六钱一分一厘六毛五丝八忽

远封 [押]

记　扣清

十二月初八日

一發十里舖辛安庄渡口排造大船預定木料價銀十兩

實存銀五百九十九兩六錢一分一厘六毛五絲八忽

尾

十二月初十日

記扣 遵 一發下北岸隄工預借來年歲道料價銀五十兩 五十兩 共銀一百兩

實存銀四百九十九兩六錢一分一厘六毛五絲八忽

戌封

十二月十五日

記還清 一收光緒十年郭姓母塲下借用銀六百兩

一整發道長書吏預借十一年加增紙張銀一百四十二兩

記扣 清 一整發歷長書吏預借十一年加增飯食銀七十一兩〇二分

一整岩石景山厰修缺借十一年未度還賬銀一百兩

一岩三角亭厰修西五工后辨續給架價七成銀二百五十兩

實存銀五百三十四兩五錢一分一厘八毛五絲六忽

十二月十八日

一岩十里鋪辛家庄渡口抽修排逺大盤工料價銀一百六十兩

一岩都司協備抽修採辦來年蘇價銀三十兩〇〇四分

實存銀三百七十六兩五錢四分一厘六毛五絲八忽

十二月二十日

記

一整岩南岸厰修西二工預備來年尾閒料價銀五十兩

扣

一整岩上北厰修北四工田預備來年工尾閒料價銀五十兩

實存銀二百一十六兩五錢四分一厘六毫五絲八忽

遞封 [簽押] 經手 [簽押] 尾只 [簽押]

光緒十二年正月十九日

記和 遞 一整裝三角淀廳領西北工務傷害金遞腳銀五十兩

實存銀一百六十六兩五錢四分一厘六毫五絲八忽

尾只 [簽押]

二月初一日

記還 遞 一收光緒十年郭姓母坦下舖傷銀一百兩

記和 遞 一整裝石景山廳修北上汛務傷害金遞腳銀一百兩

一整裝西岸廳領兩二工務傷害金遞腳銀三十兩

實存銀一百三十六兩五錢四分一厘六毫五絲八忽

尾只 [簽押]

二月二十三日

一收君子箱库平银三千五百两

先前

一收石景山厂並西二北上四厂借过春季运脚共银二百八十两

一发五厂领本年春季各厂备座运脚共库平银二千三百九十五两

库平九分三厘五毫

一发道厅书吏领本年春季纸饭並三营薪水等库平银六百一十七两八钱〇二分八厘

一发道署书吏领本年春季加添纸饭银一百四十二两四 扣备过银

三十五两五钱一加

实发银一百〇六两五钱

一发五厂书吏领本年春季加增饭食银七十四两〇三分四 扣备过银

十七两七钱五分七厘五毫加

实发银五十三两二钱七分二厘五毫

一发候补同知周起涛领本年弹压超越节接署盘费银二十八两二钱

一發候補同知陳元熙借墊本年津貼庫平紋銀川費銀二十兩

實存銀六百九十五兩六錢七分二厘八毫五絲六忽

西封 鈐

三月初七日

一收久存閩關共二箱庫平銀六百九十三兩九錢七分一厘七毫二絲八忽

一撥本道存支房書額籍備防並一年防費銀一千四百兩〇〇八錢八分

一撥另存本年鄭攜留閩和院郭板毋費銀四千三百三十六兩〇三分八厘二毫

是前一撥還另編本年郭板毋款下庫平銀七百兩

實存銀一萬二百五十二兩七錢四分五厘三毫八絲六忽

西封 鈐

三月初六日

一收人生奴事各作共六捆又箱庫平銀一萬五千兩

見前一項 南三工 北四工 北五以上北三工 等處搶修過尾閘料價銀三百三十兩

一發南岸廳領所屬各汛尾閘橋料價銀五千八百九十五兩二錢

一發三角淀廳領所屬各汛尾閘橋料價銀二千八百五十四兩四錢

一發石景山廳領所屬各汛尾閘橋料價銀二千八百八十七兩四錢

一發北岸廳領所屬各汛尾閘橋料價銀一千九百七十四兩

一發下北廳領所屬各汛尾閘橋料價銀一千二百五十一兩

一發南岸廳領南上汛三工建蓋兵房銀四十二兩

一發三角淀廳領南五六七工北上以下汛建蓋兵房銀一百五十兩

一發石景山廳領北上汛中汛建蓋兵房銀九十九兩

一發下北廳領北四工建蓋兵房銀十八兩

一發鄭都司領巡查下口新水銀五十兩

一發採買雲梯價銀七十二兩

實存銀一千三百一十兩〇〇四分五厘三毫 [illegible]

西封 [illegible]

口憑只 [illegible]

三月初十日

一覧面岸西低東二工壩修廣川滑龍骨工料價銀七十二兩○六五五厘

一覧候補如五陸澤體低弁納面岸石堤工料價銀七十九兩二分三百實存銀一兩二百四十八錢七分五五四五一兩

八毛七此

實存銀一兩二百四十□□□

函料局二

三月十三日

一覧上明極低北三工建盖四局銀二十四兩西

一覧播員低造勤上百殿土工車價銀二十四兩

實存銀一兩二百○毛西七分七亩五厘四毛一釐四釐

三月十四日

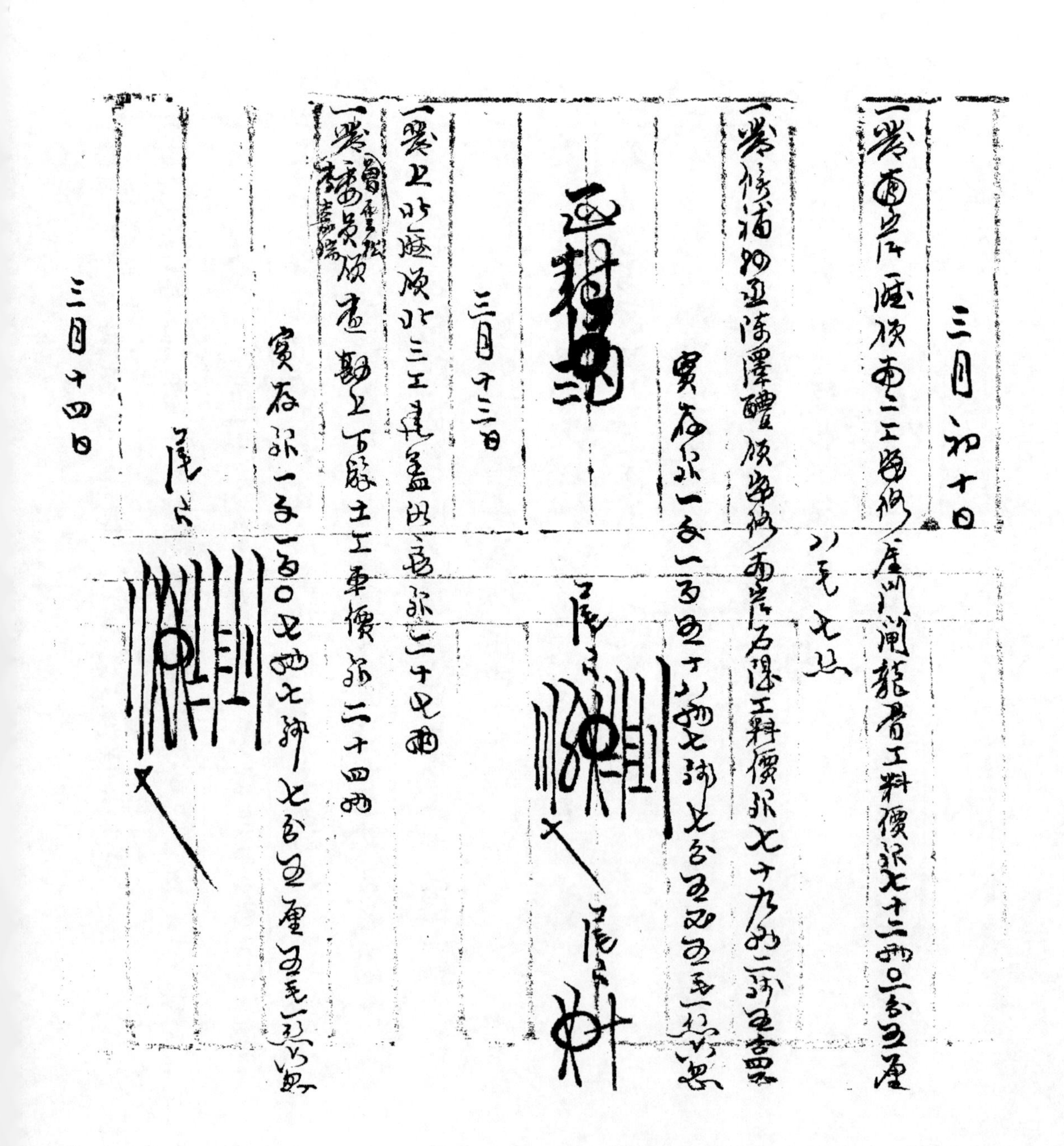

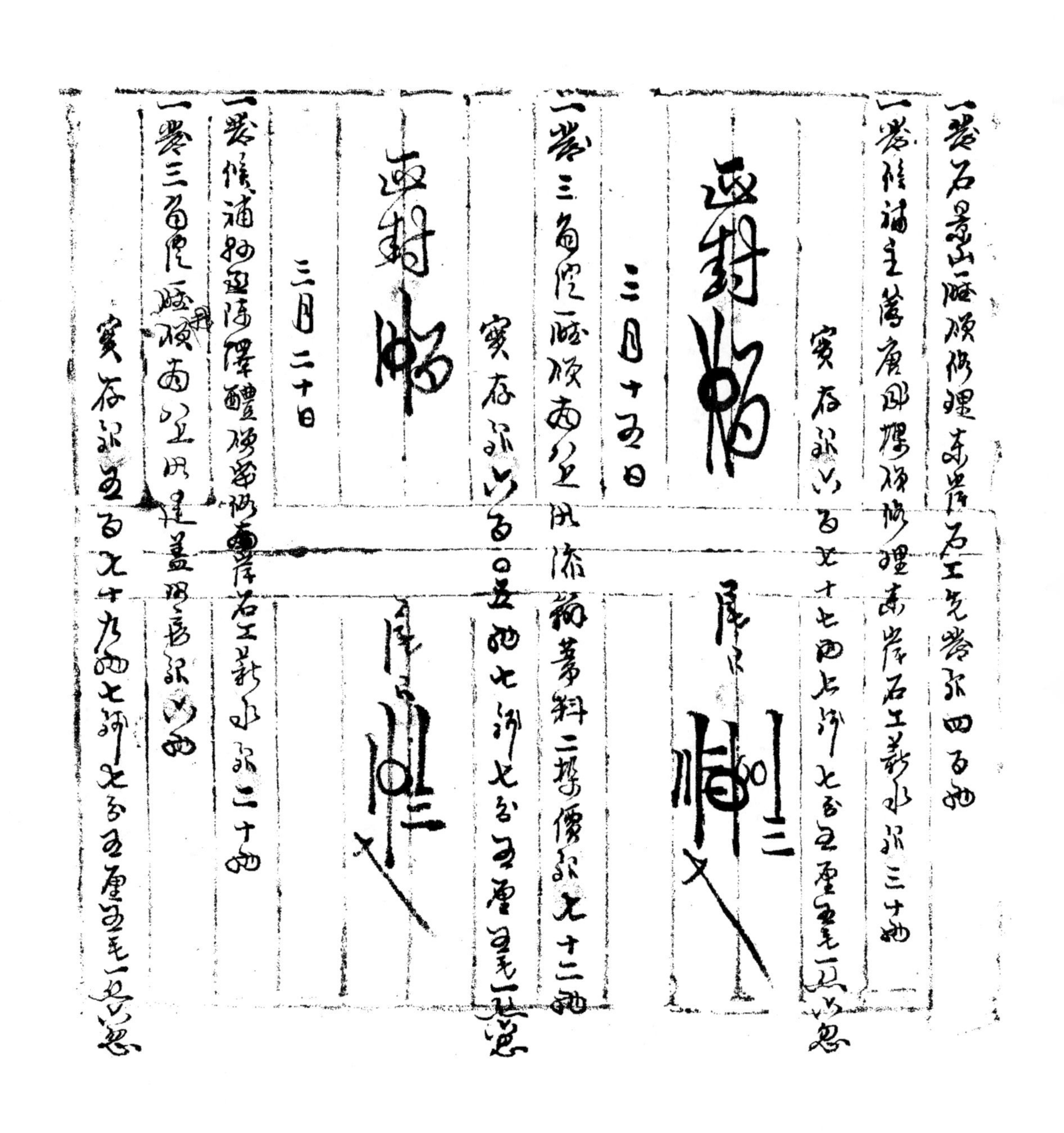
一發石景山一路頂修理南岸石工乞發銀四百兩
一發候補主簿唐邵標頂修理南岸石工薪水銀三十兩
實存銀六百七十七兩七錢七分五厘五毫一絲六忽
遞封咨
尾只
咨二
三月十五日
一發三角淀一路頂南岸汛添薪葦料二標價銀七十二兩
實存銀六百○五兩七錢七分五厘五毫一絲六忽
遞封咨
尾只
咨二
三月二十日
一發候補運陳澤醴頂修西岸石工薪水銀二十兩
一發三角淀一路頂南岸汛建蓋房銀六兩
實存銀五百七十九兩七錢七分五厘五毫一絲六忽

巡封船

三月二十一日

一發石景山廳修北上汛本年度汛搶險銀一百兩

實存銀四百七十九兩七錢七分五厘五毫一絲六忽

巡封船

三月二十四日

一收雷字箱庫平銀二千五百兩

一發石景山廳修北中汛添椿一百根料十五垛價先發銀五百兩

實存銀二千四百七十九兩七錢七分五厘五毫一絲六忽

巡封船

四月初一日

一收常字箱庫平銀二千五百兩

一撥 本道庫支本年歲修搶修工需銀四十二兩七錢四分六厘

一提本年春季三月一日平餘銀二兩九錢四分九釐三毫六絲遞

一除支出本年夏季備送咨費庫平銀二千三百九十五兩○九分三釐五毫

一除支出道、府二房書吏領本年夏季部飯並三房薪水庫平銀六百一十七兩八錢○二釐八毫

一除支出道、府二房書吏領本年夏季加添部飯銀一百四十二兩，內扣傳遞銀三十五兩五錢外，實發銀一百○六兩五錢

一除支出二房書吏領本年夏季加增飯食銀七十一兩○三分，內扣傳遞銀十七兩七錢五分七釐五毫外，實發銀五十三兩二錢七分二釐五毫

扣記

一除整發五房並支取發傳遞咨更新銀三百兩

實存銀一千四百六十兩○四錢一分一釐三毫五絲

四月初三日

一發南岸旺耕號泗浦金門閘上錢銀十兩

一發候補主簿隆盛號泗浦金門閘新水銀十六兩

一撥本年號門禱支上一半銀十七兩八錢七分六厘八毫

實存銀一千四百一十六兩五錢三分二厘五毫五絲

臣

今日

前是

一收光緒十一年新款堤下撥還暫撥京餉長物銀四千兩

實存銀一千四百五十六兩五錢三分二厘五毫五絲

臣

撥還寔惠任內

四月二十六日

一撥本年夏季額籍備務銀二百六十九兩八錢三分四厘

上次京餉項下借撥款三千五百五十七兩一錢三分四厘四毫三絲

[illegible]

郝頭領下

一揭旧來年累借御頭下借用銀三千五百五十七兩一錢

一石

三百四兩四毛二丝

[illegible]

一提本年首季一百千修银八千六百两五钱三分一厘八毫二丝四忽

一发随收委员加耗水银五十二两八钱三分八厘四毫

一发南岸厅领南四工孙家坝大坝翻由加厢埽未往岁宿料费库平银八十七两四钱九分二厘

一发南四工李家员领修理险工堵缮库平银四十两二钱七分二厘七毫

一发南四工李家员领本年上堤土宅库平银二十八两八钱一分八厘二毫

一发石景山厅领北中汛修筑桥料价银一百五十两

一发南岸厅领各汛挑挖土牛方价七成银二百两

一发三角淀厅领各汛挑挖土牛方价七成银一百五十两

一发石景山厅领各汛挑挖土牛方价七成银一百五十两

一发北岸厅领各汛挑挖土牛方价七成银八十两

一发下北岸厅领各汛挑挖土牛方价七成银五十两

一发石景山厅领北二上汛建盖汛房价银三十八两

实存银二十两〇一钱四分七厘八毫一丝八忽

尾示

四月二十八日

一收好得箱庫平銀五千兩

一收石景山廳繳交收備存防險銀四百兩

一收南岸廳繳交收備存防險銀五百兩

一收上北廳繳交收備存防險銀三百兩

一收下北廳繳交收備存防險銀二百兩

一收三角淀廳繳交收備存防險銀三百兩

一收石景山廳繳交收器具銀一百兩

一收南岸廳繳交收器具銀一百七十兩

一收上北廳繳交收器具銀九十兩

一收下北廳繳交收器具銀六十兩

一收三角淀廳繳交收器具銀一百兩

記清收

一發石景山廳領給陪隨銀二百八十兩

一發南岸廳領給陪隨銀四百三十兩

一發上北廳領給陪隨銀一百八十兩

一發下北廳領給陪隨銀一百二十兩

一發三角淀廳領給陪隨銀一百九十兩

一發道庫書吏隨辦費需工一半銀四十二兩六錢 二分六厘四毛

一發旗門外委隨辦費需工一半銀二十六兩八錢 一分八厘二毛

一發廳房書吏隨辦費需工一半銀二十六兩八錢 一分八厘二毛

一發兵役隨辦飯食銀八十兩〇四錢 五分四厘六毛

記揭

一發石景山廳領收申報運料腳價銀八十兩 批駁由准以免報銷 旧漲款照發 於九月初十日收回此款報銷

一發南岸廳領給南上汛堤埝經費銀二十兩

一發石景山廳領收申報漫坡土牛方價七錢銀二十二兩

一發南岸廳領給南上汛閘門經費銀二十兩

實存銀一千四百一十兩〇四錢 二分〇二毛一絲六忽

運封 收

經手 [illegible]

五月二十三日

一採本運石之本年奏銷稱備銀一千兩

一發石景山廳搶險修理東岸石工銀一百二十一兩八錢八分

一發勝補主簿唐殿標搶險修理東岸石工薪水銀三十兩

一發石景山廳搶險工中因續辦墻料價銀八十三兩五錢

一發石景山廳修工中因建蓋凹房銀二十四兩

另存銀一百五十二兩〇四分〇二毛一絲八忽

運封 收

經手 [illegible]

六月二十日

一收本宗公箱存平銀一千兩

其前一收石景山廳修道工中因運道料脚價銀六十兩

實存銀一千三百一十兩〇四錢〇二毛一絲六忽

福源成封 中平 福之封

六月二十八日

一收祥字箱庫平銀二千五百兩

一發石景山廳領北中汛搶險銀三十二兩八錢五分

一發南岸廳領南二工加培土工銀二十五兩三錢四分四厘

一發保補同知周廷濤領巡查南岸各汛搶險薪水銀二十兩

一發保補州判張紹言領巡閱閘座薪水銀十六兩

一發吳守備領巡閱閘座門閘薪水銀十六兩

一發南四工協徐汛安瀾公宴銀二十兩

一發道署長書吏隨汛賞需下一半銀五十三兩六錢三分六厘四毛

一發廳署長書吏隨汛賞需下一半銀二十六兩八錢一分八厘二毛

一發轅門弁兵隨汛賞需下一半銀二十六兩八錢一分八厘二毛

實存銀三千四百六十三兩五錢七分三厘四毛一丝六忽

鄉字柏正 中人

鄉字廣仁 收

七月十五日

一發内操一百年陸續積蓄庫平銀八十八兩四錢八分一厘

實存銀三千三百七十五兩〇九分二丝四毛一丝六忽

廣仁 收

七月二十三日

一收鄉字柏庫平銀二千五百兩

是前一收五歷並存放錢借積蓄運餉更新銀三百兩

一操本年積蓄預備隱防銀三百一十二兩三錢八分

一發五歷借存放本年積蓄備防運餉共銀二千三百九十五兩〇九分

三丝四毛

一發道廳房書吏領本年秋季紙飯並三季薪水共銀六兩一十七

兩六錢〇二分六毛

一發道房書吏領本年秋季加添紙飯銀一百四十二兩內扣借支銀

三十五兩五錢　外

實發銀一百〇六兩五錢

一發廳房書吏領本年秋季加增飯食銀七十一兩〇二分內扣借

支銀十七兩七錢五分七分五毛　外

實發銀五十三兩二錢七分二分五毛

一發南四工領本年秋汛安瀾戲價銀二百兩

一發道以房書吏呈領　科神祠戲價等銀一百兩

一發戶房禮房書吏領本年加增紙張銀十四兩三錢〇二厘

一撥轅門護兵下一半銀十七兩六錢　七分六分六毛

實存銀二千二百五十七兩六錢六分二分六毛一絲六忽

道封 [illegible] 戌

道光 [illegible] 二

079

先前

細數照單

七月二十日

一收西岸厘捐局備存防務庫平銀五百兩

一收上北厘捐局備存防務庫平銀三百兩

一發親查下口民墟另倉賞號銀一百兩

一發遞公呈書吏等找領　科神詞戲價銀五十兩

一搭還十年公署手墊下撥三成米價銀三百四十二兩九錢一分二厘

實存銀二千五百六十四兩九錢四分九厘一毫一絲五忽

封

閱

八月十五日

一收石景山厘捐局備存防務銀三百七十九兩四錢三分八厘

一收石景山厘捐局北上門防務銀七兩一錢四分三厘

一收下北厘捐局備存防務銀二百兩

一收三角湧厘捐局備存防務銀二百五十兩

一收三月份臨發南五工防險銀五十兩

一發都司領本年三月分閘操賞官兵銀二百兩

一發南四工本月員役領本年秋汛閘辦價銀一百五十兩

一撥本年秋季預備防險銀六百兩

實存銀二千五百○一兩五錢三分○八毫一絲六忽

正封 中正

[illegible]

四月初一日

一撥還添款項下墊發中汛運料腳價銀六千兩

一撥預籌備防銀二百兩

一收三月份臨河南分下汛防險銀十兩

實存銀二千二百五十一兩五錢三分○八毫一絲六忽

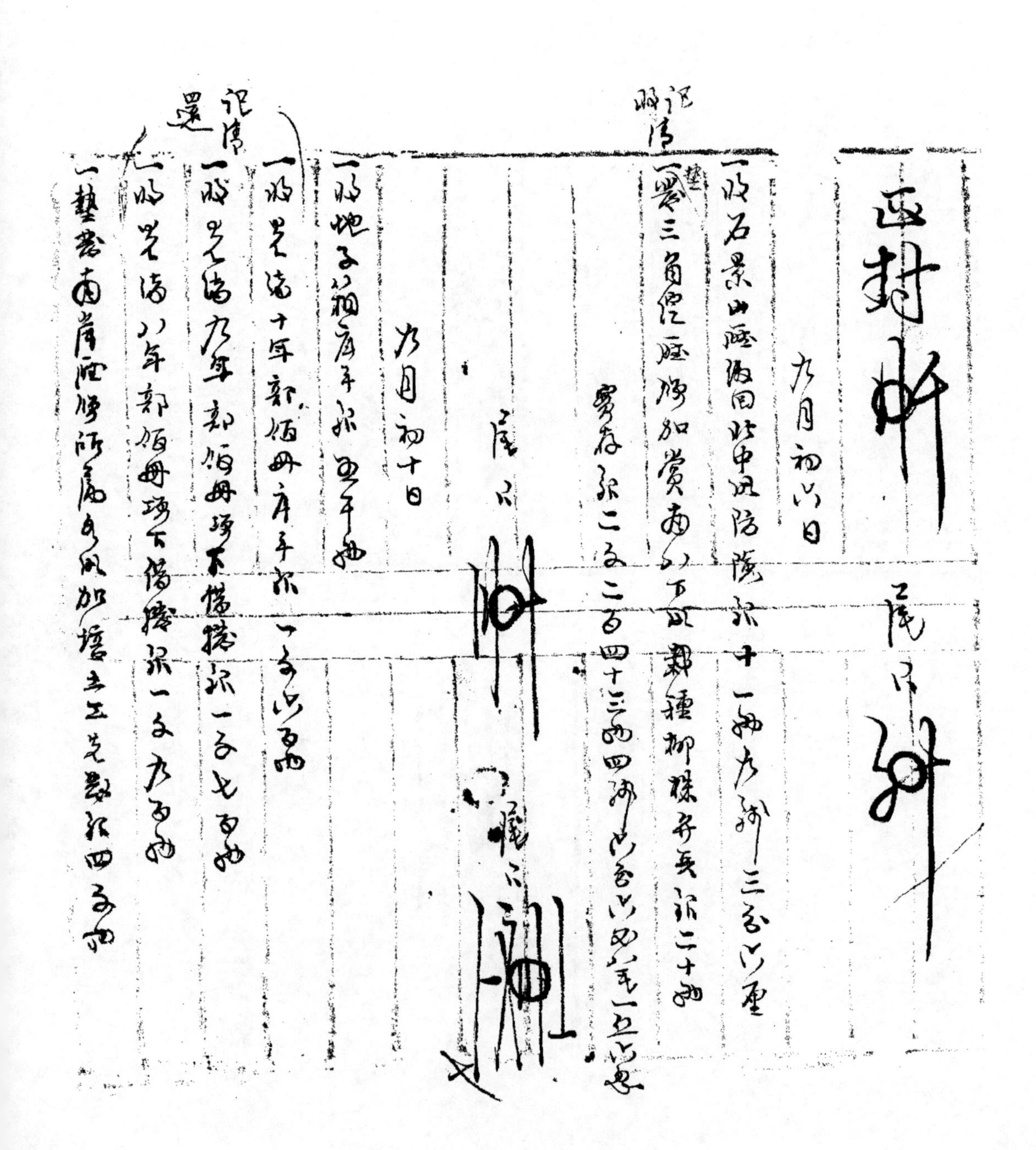

西村[illegible]

屬下[illegible]

九月初六日

一收石景山匯汛回北中汛防險銀十一兩九錢三分六厘

記明清 一整發三角淀汛匯修加賞南岸下汛栽種柳株弁兵銀二十兩

實存銀二千二百四十三兩四錢六分六厘[illegible]

屬下[illegible]

屬下[illegible]

九月初十日

一收地子銀庚子銀五十兩

一收兑借十年郭佰册庚子銀一千六百兩

記清還 一收兑借九年郭佰册項下借撥銀一千七百兩

一收兑借八年郭佰册項下借撥銀一千九百兩

一整發南岸匯修所屬各汛加培土工共發銀四千兩

記清收

一墊砦石壩山壓傾斜屬多處加培土工先墊銀二千六百兩

一墊砦上段壓傾斜屬多處加培土工先墊銀二千五百七十八兩六錢七分七厘六毫五絲

一墊砦下段壓傾斜屬多處加培土工先墊銀一千七百兩

實存銀二萬五百六十四兩七錢八分九厘一毫三絲六忽

遞封中丞

八月十二日

一收回扣存此三工移發防署名目建曠銀五兩四錢

一收發祖賴下借撥銀八百兩

一收光緒十一年部頒項下借撥銀二千二百三十四兩二錢三分八厘二毫

記清還

一收光緒十年部頒項下借撥銀五千四百兩二錢九分五厘五絲

一收光緒九年部頒項下借撥銀五千四百兩三錢○九分四毫

一收光緒八年部頒項下借撥銀十四兩二錢九分三毫七毛七絲

一收公存公頒項下借撥銀四百七十四兩一錢

收記

一整修三角隄壩頂所屬各段加培土工先發銀四千五百兩

實存銀一兩四錢二分三厘五毫五絲以上

九月十八日

一收回各段應繳防險銀七百五十五兩二錢五分七厘二毫五絲

一收光緒十二年分捐輸項下撥還整修各段加培土工銀七千八百二十一兩

五錢四分三厘二毫以上

前呈

一撥還另存公款項下庫平銀四百七十四兩一錢

一撥還建曠功下應存北三工撥款修理銀五兩四錢

一撥還修祖項下庫平銀一百兩

一發南五堡壩頂所屬各段加蓋埽項價每埽以兩先發銀七百八十八兩

一發三角隄壩頂所屬各段加蓋埽項價先發銀二百九十二兩

一發石景山壩頂所屬各段加蓋埽項價先發銀四百二十兩

一發上北壩頂所屬各段加蓋埽項價先發銀三百〇四兩

一發上北路柵欄所屬夫役加蓋棚頂價銀一百五十二兩

一發下北路柵欄所屬夫役加蓋棚頂價銀一百一十二兩

一發三角河路柵欄所屬夫役加蓋棚頂價銀一百四十八兩

實存銀一千一百七十兩一錢九分四厘二毫八絲八忽

酉封

辰六

十月二十四日

先 一收標營三角河練兵房下做栽種柳樹等項加費銀二十兩

前 一收標營後補把總張映辰 丟簿胡廣生之 趕交查催土工新收銀二十四兩

與錢糧 一收另存公款項下存本年余四百九十四兩一錢

見前 一收回長樂本年分季一分平餘銀四十二兩八錢八分三厘一毫九絲四忽

一撥歸光緒十年八分平項下撥 以上三項 本年存部院飯冊二百六十八兩二錢七分五厘九毫

實存銀一千四百八十五兩八錢八分一厘五毫八絲

酉封

辰六

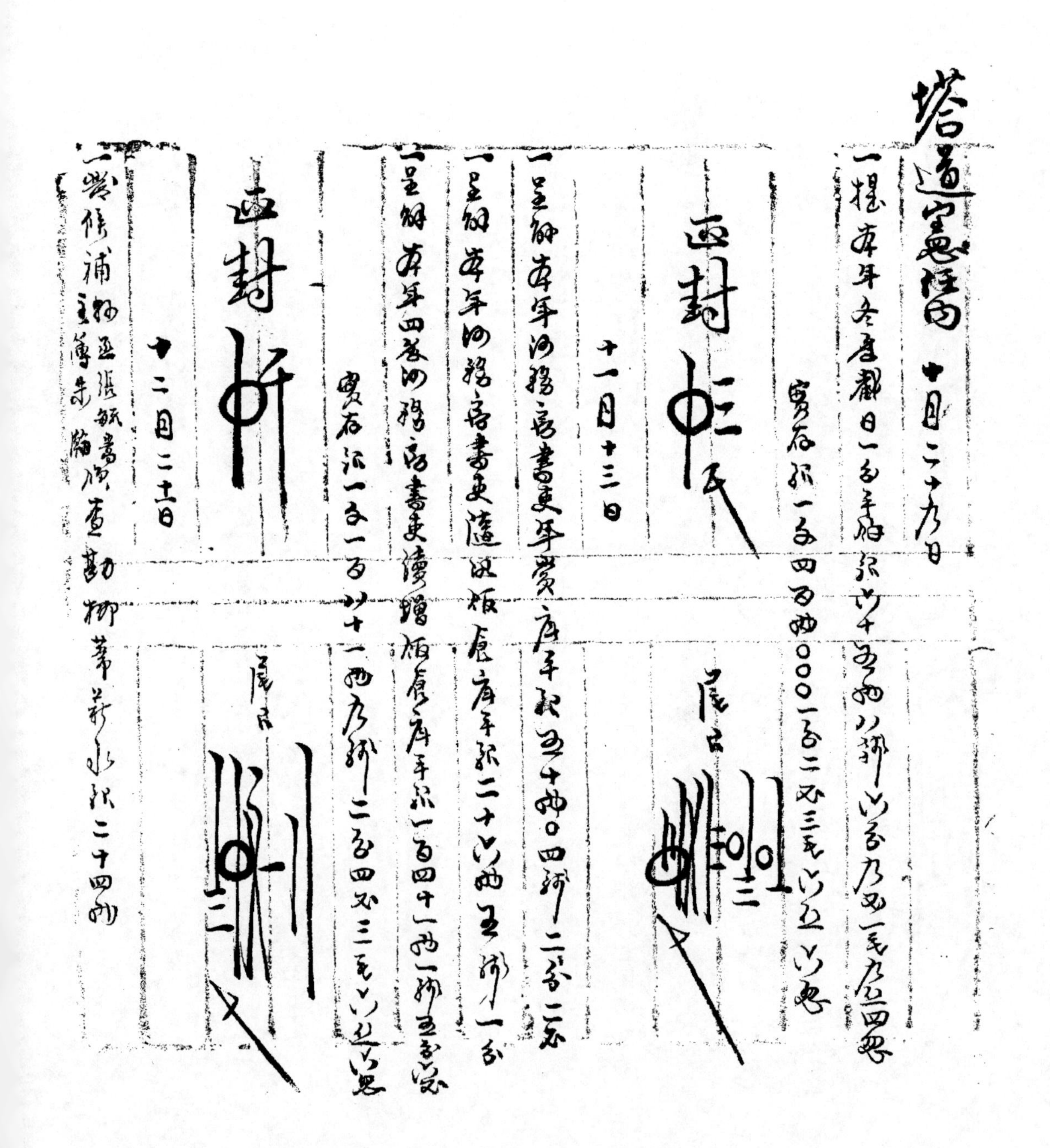

塔道憲諭

一撥本年冬季觀日一名年俸銀六十五兩八錢六分九厘一毫九絲四忽　十月二十九日

實存銀一千四百兩〇〇〇一分二厘三毫六絲六忽

函封

尾日

十一月十三日

一呈解本年河務局書吏年費庫平銀五十兩〇四錢二分二厘

一呈解本年河務局書吏陸綏增庫平銀二十六兩五錢一分

一呈解本年四季河務局書吏讀躍增庫平銀一百四十一兩一錢五分六厘

實存銀一千一百六十一兩九錢二分四厘三毫六絲六忽

函封

尾日

十二月二十日

一催補稽延紙書領查勘柳葦薪水銀二十四兩

一樣　本邊應支本年冬季截日預備銀九萬七千六十四兩九錢四分

實存銀一百八十兩九錢三分〇三毛六絲七忽

逕封訖

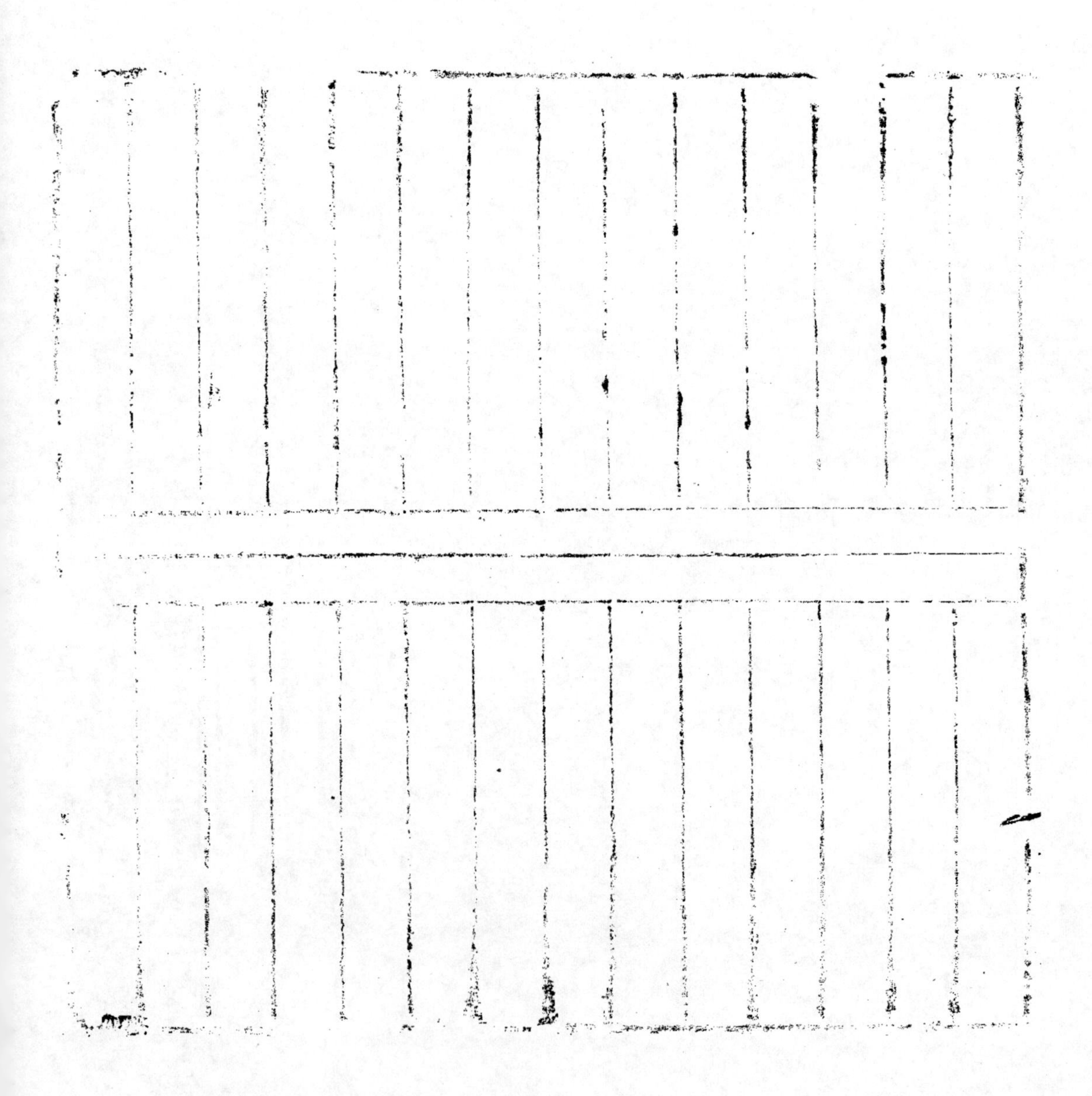

好

光绪十一年分

三月初七日

一取藩库发光绪十一年分借修堤田扣以为年例土工

银五百八以为八千一两四钱二分以

厘为除和司费银以八八两一分七

厘七毫二丝三忽二微外

实收银五百八以为一十三两二钱五分六厘七毫以

西村组

三月初六日

一发南岸一段修筑属为取以为年土工七厘银一百两

一发三角隄一段修筑属为取以为年土工七厘银一千三百两

一发石墨山一段修筑属为取以为年土工七厘银以百两

一发上沙一段修筑属为细以为年土工七厘银以百两

岁款六分部平项下

寄存光緒十一年以前年土工由知府四錢年

一號下北灘段所屬民田以前年已經土工銀四百兩

實存銀一千七百一十三兩七錢五分八厘七毫八絲五忽

東封

東道檀作內

五月二十二日

一號西岸灘段所屬民田以前年三成加培土工銀四百六十四兩

二錢一分八厘二毫○八忽四微

一號石景山灘段所屬民田以前年加培三成土工銀二百六十四兩

一錢七分七厘

一號上北灘段所屬民田以前年加培三成土工銀二百六十四兩○

三錢四分八厘

一號下北灘段所屬民田以前年加培三成土工銀二百六十四兩○

八錢七分五厘

一號三角淀灘段所屬民田以前年加培三成土工銀四百四十二

兩七錢〡分五厘九毛〡絲一忽〡微

實存銀一兩〡錢〡二分〡釐

庚六 川卜二 月

七月三十日

一收寄存十年〡分半土工內扣九四九串錢一百九十〡兩九錢

一收寄存十一年〡分半土工內扣九四九串錢〡千七兩三錢〡分〡兩〡毛〡

九兑三隊

一撥還先儲十年〡分半坊下埜書五賦撥除串錢土工九四九串錢二百八

十〡兩二錢一分〡絲〡毛〡忽九兑三隊

實存銀一兩〡錢二分〡〡

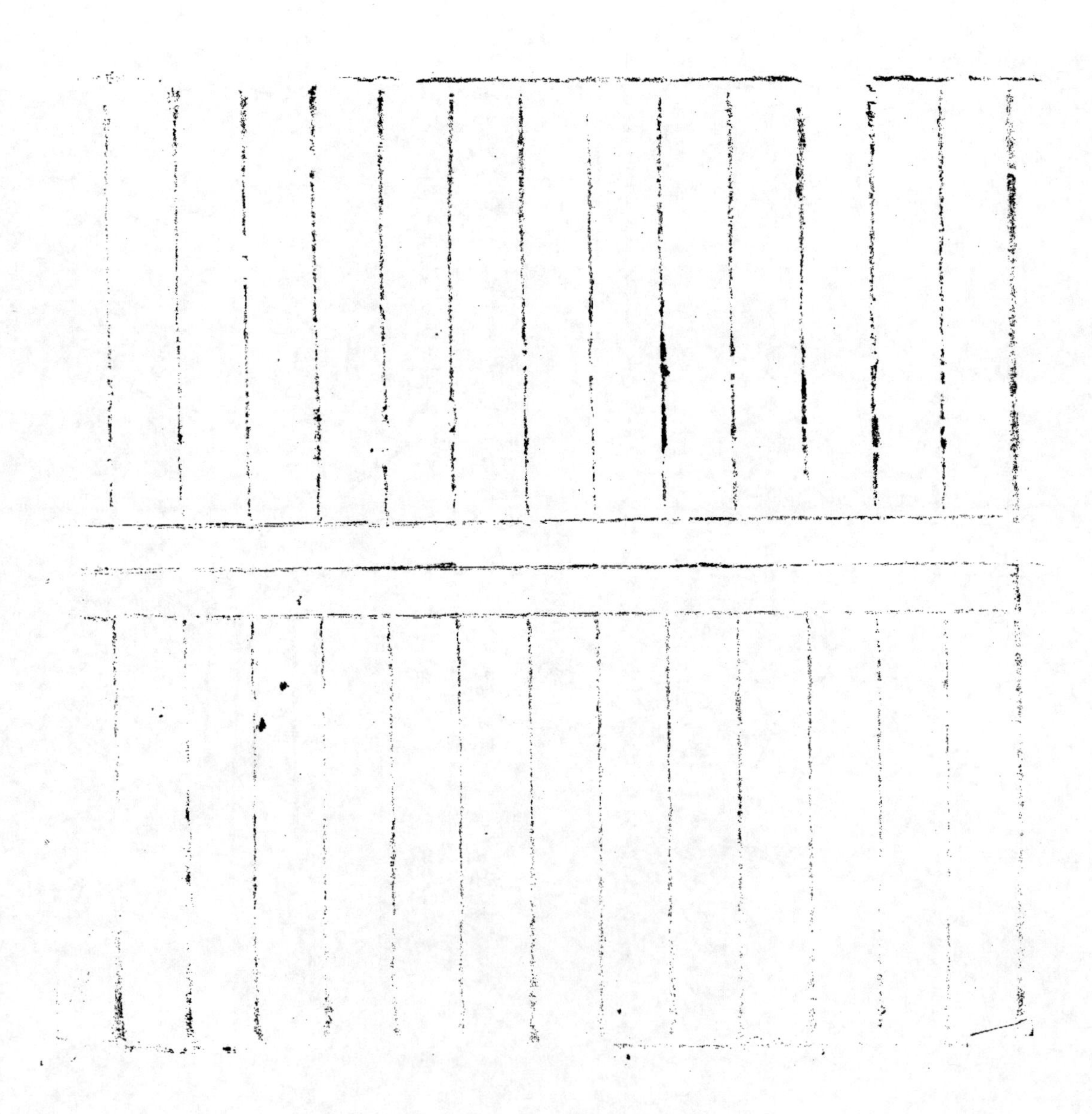

六

光绪十年九月初五日

一收萬康店撥光绪十年分搭修內紅以及新年銀五千以百八十一兩五錢七分五厘

內除司費銀以千八兩一錢七分六厘九毛又除房貢捐銀州貿銀三十兩數

實收銀五百五十三兩三錢九分以厘一毛

一撥西三圩三工程修改真工程銀九百一十九兩一錢以分七厘五

一撥西圩土牛方價銀一千三百一十五兩八錢以分以厘

實存銀二千三百四十以兩二錢以分〇以毛

西村

十月初二日

廣

光绪十年以前年份下欠撥整買道署西地基價用銀四百兩

实存银二分九厘四毫八丝三忽以□○以毛

西封中二 天

陈捐印

十年十月初八日過 十一年四月初□清

三月初八日

一塘石景山脚坝以上以下田加流土工七毫银一分

一塘南岸脚坝南四工以下田加流土工七毫银四分

一塘上以下脚坝以下三里以下田加流土工七毫银一两以下

一塘下以下脚坝以下七工以下田加流土工七毫银一两二十

一塘三角陂一脚坝以下田加流土工七毫银三两四十

实存银一分以下○以□三厘以下○以毛

西封中 天

二月二十日

陈捐印

見前一次整塘置買道四番西地基銀四分

實存銀二百〇〇兩三錢八分〇八毫

西收

四月初一日

一收王三房書吏族造報冊乾隆九年南五六工額冊等項飯食銀十兩

實存銀一千九百零八兩三錢八分〇八毫

淵

本省道檯任內

五月二十三日

一收南岸廳撥領南上汛四工八百年加添三成土工銀一百八十九兩

實存千年八分手土工內知九四九年銀二九四八錢五百二又二毫二五二鬼七微歸收帳

一收石景山廳撥領北上汛八百年加添三成土工銀四千二兩五錢一分八釐

庚〇乙屋

一收北岸廳撥領北三工四上汛八百年加添三成土工銀八千三兩八錢三分九厘

一收下北廳撥領北七工八百年加添三成土工銀五千二兩四錢一〇

讫清
明

一据光绪十年以前手加添土工内扣九四九串钱九千以两一钱

以上以毛以丝九忽三微

九分二厘二毛二丝二忽七微

实存钱以百以千五两七钱……以忽

西封

七月三十日

一据光绪十一年以前手项下拨还垫款十一年九四九串钱二百以千以两二钱

一分以厘以毛以丝九忽三微

是

一据光绪十年以前手加添土工内扣出另存九四九串钱二十九两以钱五分

二分二毛二丝二忽七微

前

一据潘租项下寄存十年以前手加添土工内扣九四九串钱以千以两三钱五分

一据本年收捐修项下拨还垫款三成土半方价钱三百四十二两九钱一分二厘

实存钱一千四百一十二两〇二分二厘九毛

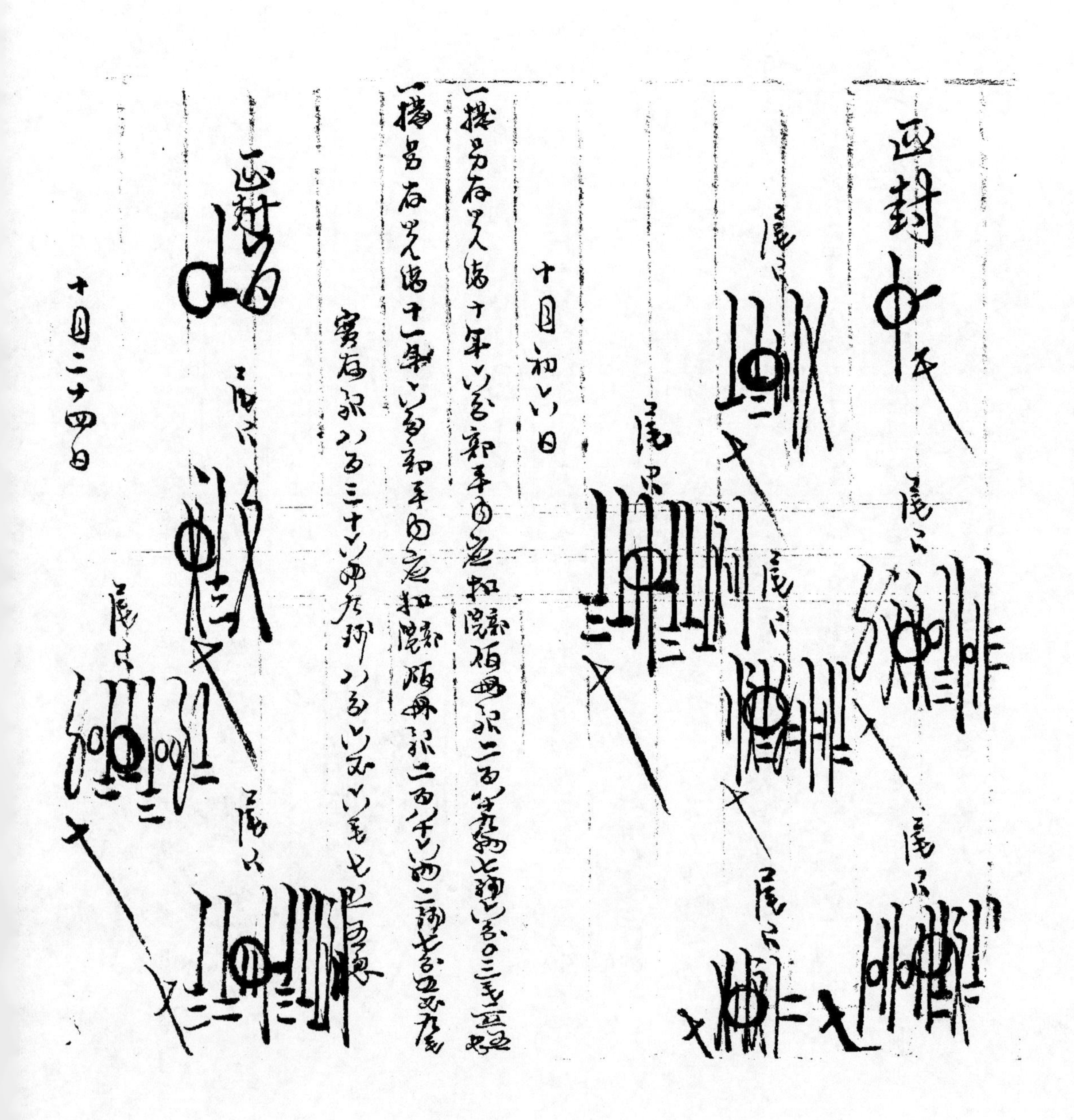

正封
十月初六日
十月二十四日

一收光緒十年曉捐項下撥還墊發十一年六月分內扣部院飯冊
銀二百八十六兩二錢七分五厘九毫
實存銀一千六百二十三兩二錢六分二厘五毫七絲一忽

照封　中氏

塔通寶佳四

一發上房書吏領光緒九年兩季大工報銷部費銀九百兩
十一月十三日
實存銀二百二十三兩二錢六分二厘五毫七絲二忽

照封　帖

一發河務房書吏領光緒九年兩季大工報銷院冊銀一百兩
十二月二十日

一發工匠書吏飯食銀兩並夫工板籌冊費條銀五十兩

實存銀七十三兩二錢八分二厘五毫七絲五忽

以上係六

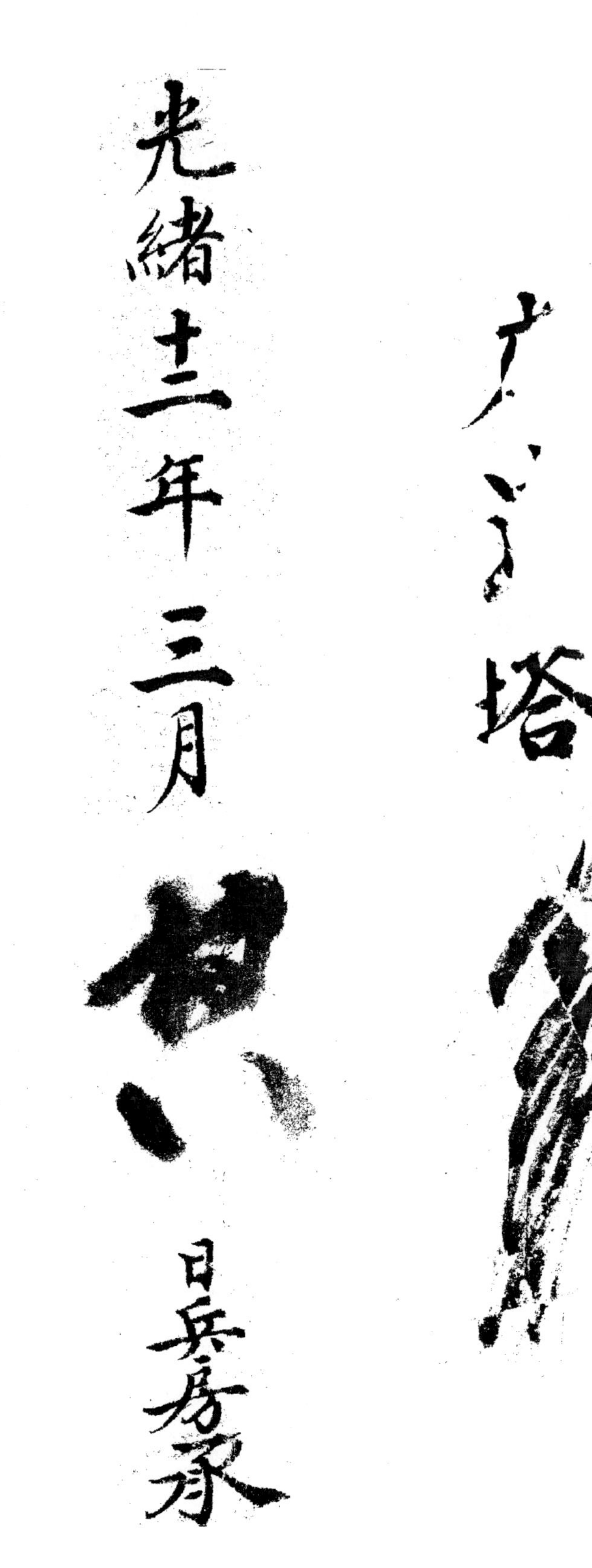

光緒十二年三月　日兵房承

造送

光緒八年官兵名数馬匹数目奏銷底冊

退塔

移　今移

石景山

一河兵

光緒八年分

舊管光緒七年十二月底外委戰守河兵七十五名

新收光緒八年正月起至十二月底止外委戰守河兵無項

開除光緒八年正月起至十二月底止外委戰守河兵無項

實在光緒八年十二月底外委戰守河兵七十五名

外委一名　戰兵九名　守兵六十五名

外委一名

郭　文

戦兵九名

○○○○○

守兵六十五名

○○○○○○

永定河南北兩〃

一河兵

光緒八年分

舊管光緒七年十二月底都司守協備千把總戰守河兵一千六百二十二員名

新收光緒八年正月起至十二月底止戰守河兵六十九名

開除光緒八年正月起至十二月底止戰守河兵七十名

實在光緒八年十二月底都司守協備千把總戰守河兵一千六百二十一員名

南岸

光緒八年分

舊管光緒七年十二月底都守千把總戰守河兵七百九十一員名

新收光緒八年正月起至十二月底止戰守河兵二十六名

開除光緒八年正月起至十二月底止戰守河兵三十六名

實在光緒八年十二月底都守千把總戰守河兵七百九十一員名

正月分

舊管光緒七年十二月底止

都司一員　守備一員　千總一員

把總一員　戰兵九十四名　守兵六百九十三名

新收無項

開除無項

實在正月分

都司一員　守備一員　千總一員

把總一員　戰兵九十四名　守兵六百九十三名

二月分

舊管正月底止

都司一員　守備一員　千總一員

把總一員　戰兵九十四名　守兵六百九十三名

新收無項
開除無項
實在二月分
都司一員　守備一員　千總一員
把總一員　戰兵九十四名　守兵六百九十三名
三月分
舊管二月底止
都司一員　守備一員　千總一員
把總一員　戰兵九十四名　守兵六百九十三名
新收
一收二十六日守兵三名
周得仲　張國賓　張保慶
開除

一除十九日守兵三名

張進才　孫福　孫禄

寔在三月分

都司一員　守備一員　千総一員

把総一員　戦兵九十の名　守兵六百九十三名

四月分

旧管三月底止

都司一員　守備一員　千総一員

把総一員　戦兵九十の名　守兵六百九十三名

新収

一収二十日戦兵の名

柳福泰　王國順　竇起

張鳳林

一收二十日守兵の名

劉建有　張文楷　周　環

周　禄

一收二十八日守兵一名

楊萬發

開除

一除十の日戰兵一名

任　玉

一除十七日戰兵三名

孫兆林　周玉發　周萬才

一除二十日守兵の名

劉福泰　王國順　竇　起

張鳳林

一除二十日守兵一名

張山

實在四月分

都司一員　守备一員　千総一員

把総一員　戦兵九十の名　守兵六百九十三名

五月分

旧管の月底止

都司一員　守备一員　千総一員

把総一員　戦兵九十の名　守兵六百九十三名

新收

一收二十八日戦兵一名

劉邦俊

一收二十八日守兵一名

劉振泉

開除

一除二十二日戰兵一名

陳茂德

一除二十八日守兵一名

劉邦俊

寔在五月分

都司一員　守備一員　千總一員

把總一員　戰兵九十〇名　守兵六百九十三名

六月分

旧管五月底止

都司一員　守備一員　千總一員

把總一員　戰兵九十〇名　守兵六百九十三名

新收無項
開除無項
實在六月分
都司一員　守備一員　千總一員
把總一員　戰兵九十九名　守兵六百九十三名

七月分
旧管六月底止
都司一員　守備一員　千總一員
把總一員　戰兵九十九名　守兵六百九十三名
新收無項
開除無項
實在七月分
都司一員　守備一員　千總一員

把總一員　戰兵九十四名　守兵六百九十三名

八月分

旧管七月底止

都司一員　守偹一員　千總一員

把總一員　戰兵九十四名　守兵六百九十三名

新收無項

開除無項

寔在八月分

都司一員　守偹一員　千總一員

把總一員　戰兵九十四名　守兵六百九十三名

九月分

旧管八月底止

都司一員　守偹一員　千總一員

把總一員　　戰兵九十の名　　守兵六百九十二名

新收

一收二十六日戰兵一名

王海

一收十八日守兵三名

関珍　　周文瑞　　周仲奎

一收二十六日守兵の名

王兆璸　　楊德旺　　鄧國華

張明

開除

一除二十一日戰兵一名

劉義寬

一除十三日守兵三名

任智　劉福　鄧賢玉

一除二十一日守兵三名

李桂　鄧自良　張天福

一除二十六日守兵一名

王海

一除二十八日守兵六名

胡順　范振邦　王有珊

李治平　岳振魁　趙國瑞

實在九月分

都司一員　守備一員　千總一員

把總一員　戰兵九百名　守兵六百八十乂名

十月分

旧管九月底止

新收

都司一員　守備一員　千總一員

把總一員　戰兵九十四名　守兵六百八十五名

一收初二日守兵六名

劉玉斌　宋金斗　李發

李永發　李萬祥　楊清山

一收初五日守兵三名

劉興　張進仁　劉信

開除

一除初一日守兵三名

于祥　張才　井化成

實在十月分

都司一員　守備一員　千總一員

把總一員　戰兵九十〇名　守兵六百九十三名

十一月分

旧管十月底止

都司一員　守備一員　千總一員

把總一員　戰兵九十〇名　守兵六百九十三名

新收

一收初十日守兵二名

蕭治和　張鳳瑞

開除

一除初七日守兵二名

張廷萃　張純

一除二十五日守兵一名

李錫元

寔在十一月分

都司一員　守備一員　千總一員

把總一員　戰兵九十○名　守兵六百九十二名

十二月分

旧管十一月底止

都司一員　守備一員　千總一員

把總一員　戰兵九十○名　守兵六百九十二名

新收

一收十八日戰兵一名

張文方

一收初一日守兵一名

楊玉慶

一收十八日守兵一名

李苏

開除

一除十二日戰兵一名

鄧永泰

一除十八日守兵一名

張文方

寔在十二月分

都司一員　守備一員　千總一員

把總一員　戰兵九十四名　守兵六百九十三名

都司一員

鄭龍彪

守備一員

吳恩來

千總一員

陳佩鏞

把總一員

黄文喜

戰兵九十〇名

○ ○ ○

守兵六百九十三名

○ ○ ○ ○

北岸

光緒八年分

旧管光緒七年十二月底協備千把總戰守河兵八百三十一員名

新收光緒八年正月起至十二月底止戰守河兵三十三名

開除光緒八年正月起至十二月底止戰守河兵三十四名

實在光緒八年十二月底協備千把總戰守河兵八百三十員名

正月分

旧管光緒七年十二月底止

協備一員　千總一員　把總一員

戰兵八十六名　守兵七百四十二名

新收無項

開除無項

實在正月分

協備一員　千總一員　把總一員
戰兵八十六名　守兵七百四十二名

二月分
旧管正月底止
協備一員　千總一員　把總一員
戰兵八十六名　守兵七百四十二名
新收無項
開除無項
實在二月分
協備一員　千總一員　把總一員
戰兵八十六名　守兵七百四十二名

三月分
旧管二月底止

協備一員　千總一員　把總一員

戰兵八十六名　守兵七百〇十二名

新收

一收二十六日守兵一名

温成連

開除

一除十九日守兵一名

崔上林

寔在三月分

協備一員　千總一員　把總一員

戰兵八十六名　守兵七百〇十二名

四月分

旧管三月底止

協備一員　千總一員　把總一員

戰兵八十六名　守兵五百四十二名

新收

一收二十八日守兵九名

閆成俊　晏貴義　解成序

解光墀　李顯忠　楊成

張光海　郭玉清　孫玉琦

開除

一除二十日守兵九名

楊平　范長青　劉才

楊連仲　金斗　張得祥

高連才　趙順　楊廷貴

寔在四月分

協備一員　千総一員　把総一員
戦兵八十六名　守兵乂百四十二名

五月分
旧管四月底止
協備一員　千総一員　把総一員
戦兵八十六名　守兵乂百四十二名
新収無項
開除無項
寔在五月分
協備一員　千総一員　把総一員
戦兵八十六名　守兵乂百四十二名

六月分
旧管五月底止

協備一員　千總一員　把總一員
戰兵八十六名　守兵七百〇十二名
新收無項
開除無項
寔在六月分
協備一員　千總一員　把總一員
戰兵八十六名　守兵七百〇十二名
七月分
旧管六月底止
協備一員　千總一員　把總一員
戰兵八十六名　守兵七百〇十二名
新收無項
開除無項

寔在七月分

協俻一員　千總一員　把總一員

戰兵八十六名　守兵七百の十二名

八月分

旧管七月底止

協俻一員　千總一員　把總一員

戰兵八十六名　守兵七百の十二名

新收無項

開除

一除二十九日戰兵二名

李得才　史強

一除二十九日守兵六名

王永立　尚福林　張廣訓

武萬功　武萬春　張晉鳳

寔在八月分

協備一員　千總一員　把總一員

戰兵八十四名　守兵七百三十六名

九月分

旧管八月底止

協備一員　千總一員　把總一員

戰兵八十四名　守兵七百三十六名

新收

一收初三日戰兵二名

韓守起　劉萬春

一收初三日守兵八名

李江　常進才　韋永泰

劉明旺　鄭　泰　梁福貴
張進忠　竇天喜
一収十三日守兵五名
張　發　張得福　李守恒
辛殿魁　胡有發
開除
一除初三日守兵二名
韓守起　劉萬春
一除初十日守兵五名
楊　才　符殿元　張　文
武寶慶　王永順
寔在九月分
協脩一員　千總一員　把總一員

戰兵八十六名　守兵七百四十二名

十月分

旧管九月底止

協備一員　千總一員　把總一員

戰兵八十六名　守兵七百四十二名

新收

一收初十日守兵四名

趙福有　李振江　趙振龍

高福來

開除

一除十七日戰兵一名

戴永興

一除初七日守兵四名

臧永平　趙振山　馬文和

高興文

寔在十月分

協備一員　千総一員　把総一員

戦兵八十五名　守兵又百の十二名

十一月分

旧管十月底止

協備一員　千総一員　把総一員

戦兵八十五名　守兵又百の十二名

新收

一收初九日守兵の名

徐貴　張鳳岐　王鳳山

佟玉和

開除

一除初三日守兵の名

潘永清　張懷永　劉永瀾

谷善斌

寔在十一月分

協備一員　千總一員　把總一員

戦兵八十五名　守兵七百の十二名

十二月分

旧管十一月底止

協備一員　千總一員　把總一員

戦兵八十五名　守兵七百の十二名

新收無項

開除無項

寔在十二月分

協備一員

戰兵八十五名

千總一員

守兵五百四十二名

把總一員

協備一員

蔡鏵

千總一員

劉濟堂

把總一員

李明德

戰兵八十五名

○○○

守兵乄百の十二名

○○○○○○

三角淀属南堤八工下汎

光緒八年分

旧管光緒乄年十二月底把総外委三員名

新収光緒八年正月起至十二月底止無項

開除光緒八年正月起至十二月底止把総一員

寔在光緒八年十二月底外委二名

正月分

旧管光緒〤年十二月底止　把総一員　外委二名

新収無項

開除無項

寔在正月分　把総一員　外委二名

二月分

旧管正月底止　把総一員　外委二名

新収無項

開除無項

寔在二月分

三月分

把総一員　外委二名

旧管二月底止

把総一員　外委二名

新收無項

開除無項

實在三月分

把総一員　外委二名

四月分

旧管三月底止

把総一員　外委二名

新收無項

開除無項

寔在四月分　把總一員　外委二名

五月分

旧管四月底止　把總一員　外委二名

新收無項

開除無項

寔在五月分　把總一員　外委二名

六月分

旧管五月底止　把總一員　外委二名

新收無項

開除無項

寔在六月分　把総一員　外委二名

七月分

旧管六月底止　把総一員　外委二名

新収無項

開除無項

寔在七月分　把総一員　外委二名

八月分

旧管七月底止　把総一員　外委二名

新收無項
開除無項
寔在八月分　　把總一員　　外委二名

九月分
旧管八月底止　　把總一員　　外委二名
新收無項
開除
一除十七日把總一員　司馬鎔
一除十七日自備馬二匹　把總自備馬

寔在九月分　外委二名

十月分

舊管九月底止　外委二名

新收無項

開除無項

寔在九月分　外委二名

十一月分

旧管十月底止　外委二名

新收無項

開除無項
寔在十一月分
外委二名
十二月分
旧管十一月底止
外委二名
新收無項
開除無項
寔在十二月分
外委二名
外委二名
李景泰
周鳳山

鹽運使銜直隸永定河道

移

今移

永定河南北兩岸

一馬匹

光緒八年分

舊管光緒七年十二月底自備馬十八匹

新收光緒八年正月起至十二月底止自備馬無項

開除光緒八年正月起至十二月底止自備馬無項

實在光緒八年十二月底自備馬十八匹

南岸

光緒八年分

舊管光緒七年十二月底自備馬十二匹

新收光緒八年正月起至十二月底止自備馬無項

開除光緒八年正月起至十二月底止自備馬無項

寔在光緒八年十二月底自備馬十二匹

都守千把總自備馬十二匹

都司自備馬四匹

白騸馬八歲口　青騸馬七歲口

紅騸馬七歲口　花騸馬八歲口

守備自備馬四匹

青騸馬八歲口　黑騸馬七歲口

黃騸馬八歲口　紅騸馬七歲口

千總自備馬二匹

白騸馬七歲口　花騸馬八歲口

把總自備馬二匹

青騍馬八歲口　紅騍馬七歲口

北岸

光緒八年分

舊管光緒七年十二月底自備馬六匹

新收光緒八年正月起至十二月底止自備馬無項

開除光緒八年正月起至十二月底止自備馬無項

實在光緒八年十二月底自備馬六匹

協備千把總自備馬六匹

協備自備馬二匹

黑騍馬七歲口　花騍馬八歲口

千總自備馬二匹

黃騍馬八歲口　白騍馬七歲口

把總自備馬二匹

青騸馬七歲口　　紅騸馬八歲口

三角淀屬南堤八工下汛

光緒八年分

舊管光緒七年十二月底自備馬二匹

新收光緒八年正月起至十二月底止自備馬無項

開除光緒八年正月起至十二月底止自備馬二匹

實在光緒八年十二月底自備馬無項

正月分

舊管光緒七年十二月底止

把總自備馬二匹

新收無項

開除無項

實在正月分

二月分

旧管正月底止

把總自備馬二匹

新收無項

開除無項

實在二月分

把總自備馬二匹

三月分

旧管二月底止

把總自備馬二匹

新收無項

開除無項

寔在三月分
把總自備馬二匹
四月分
旧管三月底止
把總自備馬二匹
新收無項
開除無項
寔在四月分
把總自備馬二匹
五月分
旧管四月底止
把總自備馬二匹
新收無項

開除無項
寔在五月分
把總自俻馬二匹
六月分
旧管五月底止
把總自俻馬二匹
新收無項
開除無項
寔在六月分
把總自俻馬二匹
七月分
旧管六月底止
把總自俻馬二匹

新收無項
開除無項
寔在七月分
把總自備馬二匹
八月分
旧管七月底止
把總自備馬二匹
新收無項
開除無項
寔在八月分
把總自備馬二匹
九月分
旧管八月底止

把總自備馬二匹
新收無項
開除
一除十七日自備馬二匹
把總自備馬無項
寔在九月分
自備馬無項
十月分
旧管九月底止
自備馬無項
新收無項
開除無項
寔在十月分

十一月分
自備馬無項
旧管十月底止
自備馬無項
新收無項
開除無項
寔在十一月分
自備馬無項
十二月分
旧管十一月底止
自備馬無項
新收無項
開除無項

寔在十二月多

自備馬無項

歲搶修並淤租　隙租　葦租　香火租

部院飯　另案院飯　閑欵　建廳心紅修署

光緒十三年三月　日戶庫房承

光緒十二年派發過庫存各款銀兩年終冊底

本道塔

光緒十三年三月十二日戶庫房承

造送

光緒十二年汛發過歲搶修並河淤地租銀兩數目年終四柱冊底

鹽運使銜直隸永定河道搭

呈今將職道収發過光緒十二年分永定河歲搶修等項工程並河淤地租

銀兩數目理合造具年終四柱清冊呈送須至冊者

今 呈

光緒十二年分

舊 管

一存光緒十一年歲搶修節存銀一百八十兩零九錢三分零三毫六絲六忽

一存各州縣淤租銀一千二百五十一兩二錢五分二厘零二絲六忽

新 収

一収藩庫撥發光緒十二年歲搶修工程銀除減平外

寔収 銀四萬九千六百七十四兩四錢六分九厘四毫六絲

一収藩庫撥發光緒十二年備防秸料並加增運腳銀除減平外

寔収 銀三萬一千零零四兩

一收運庫撥發光緒十二年歲搶修工程銀除減平外

寔收銀六千四百四十兩

一收光緒十三年歲搶修項下撥歸銀六千三百兩

以上新收歲搶修等項工程共銀九萬三千四百一十八兩四錢六分九厘

四毫六絲

一收霸州解到光緒十二年斗眼河灘租銀十八兩八錢三分四厘

一收良鄉縣解到光緒十二年淤租銀二十一兩一錢二分八厘

一收良鄉縣解到光緒十一年淤租銀八錢三分二厘

一收良鄉縣解到光緒十年淤租銀二錢一分

一收良鄉縣解到光緒九年淤租銀一兩零六分五厘

一收良鄉縣解到光緒八年淤租銀一錢五分

一收永清縣解到光緒十二年淤租銀四百一十七兩三錢二分二厘四毫

一收永清縣解到光緒十一年淤租銀九十四兩九錢七分七厘

一汊永清縣觧到光緒十年淤租銀五十二兩三錢四分七厘
一汊永清縣觧到光緒九年淤租銀二十四兩八錢八分八厘
一汊永清縣觧到光緒八年淤租銀一兩八錢四分
一汊永清縣觧到光緒七年淤租銀二兩六錢二分六厘
一汊永清縣觧到光緒六年淤租銀十二兩三錢十分九厘
一汊東安縣觧到光緒十二年淤租銀一百八十三兩六錢一分
一汊東安縣觧到光緒十一年淤租銀二百五十兩零零五分七厘
一汊東安縣觧到光緒十年淤租銀二十四兩一錢零二厘
一汊武清縣觧到光緒十二年淤租銀四十二兩二錢三分零九毫
一汊武清縣觧到光緒十一年淤租銀二百零六兩五錢九分四厘
一汊武清縣觧到光緒十年淤租銀一百零九兩九錢六分一厘九毫
一汊武清縣觧到光緒九年淤租銀十三兩三錢一分六厘四毫
一汊武清縣觧到光緒八年淤租銀四兩四錢九分二厘五毫

一收武清縣解到光緒七年淤租銀八兩九錢七分二厘九毫

一收武清縣解到光緒六年淤租銀十兩零二錢二分八厘

一收武清縣解到光緒五年淤租銀一兩四錢八分八厘

一收墊發五廳會借光緒十二年運脚更新銀三百兩

一收墊發道廳房書吏預借光緒十二年加添紙飯銀二百一十三兩零三分

一收隙租項下撥還銀七十兩

以上新收淤租共銀二千零八十六兩六錢三分二厘

開除

一發光緒十二年南北兩岸各汛歲防葦秸料軟草共八百零一垛每垛三十六兩

共核銀二萬八千八百三十六兩內除扣北中北

六兩汛短秸葦料銀八十九兩六錢外

寔發銀二萬八千七百四十六兩四錢

一發光緒十二年南北兩岸各汛歲防樁木共二千二百六十二棵青楊頭二號不等

共發銀一千八百兩零零三錢

一發各汎蘇價銀五百五十五兩九錢九分

一發各汎建蓋汎房銀一百二十三兩

一發各汎器具銀四百四十兩

一發各汎防險並搶險共銀一千一百四十三兩三錢二分零五毫八絲一忽

一發各汎加培土工並土牛方價共銀三萬一千一百七十七兩四錢八分九厘八毫九絲六忽

一發五廳領委員幫辦各汎土工並查催土工薪水銀三百零四兩

一發各汎外委百總監辦土工並隨工丁役賞號銀一百二十兩

一發石景山同知領修補盧溝司橋上下北岸石工並委員薪水銀三百九十一兩三錢九分

一發南岸同知領拘抿金門閘石縫工料價銀五十九兩一錢九分

一發南岸同知領南上汎二工啟放金門閘灰壩經費銀四十兩

一發鄭都司領巡查下口薪水銀五十兩

一發鄭都司領本年三汎安瀾提賞官兵銀二百兩

一發南四工張汛員領本年秋汛安瀾酬神戲價銀四百五十兩

一發道六房書吏等領本年秋汛安瀾祭祀 科神祠戲價銀一百五十兩

一發候補主簿朱齋、主簿趙福濟、州判曾雲松、從九李嘉瑞領查勘柳株車價銀四十八兩

一發五廳領各汛備防運脚共銀一萬五千六百八十六兩

一發留支襍用銀四千五百七十一兩零三分

一撥另存本年部院飯冊共銀四千三百三十六兩一錢二分零九毫四絲

一撥還部飯項下墊發南五大工經費銀二千三百兩

一發委員投咨部費並領銀川貲除攤平外不敷銀四百八十七兩七錢零八厘九毫三絲

以上開除歲搶修等項工程共銀九萬三千一百七十九兩九錢四分零三毫四絲七忽

一發十里鋪辛安庄渡營渡口搭盖浮橋工料價動用淤租銀三百六十兩

一發十里鋪辛安庄渡營渡口船頭衩夫四季工食動用淤租銀二百九十六兩

一發（十里鋪、辛安庄）渡口夫短布褲價動用淤租銀七兩二錢

一發（十里鋪、辛安庄）渡口夫皮衩價動用淤租銀四十八兩

一發（十里鋪、辛安庄）渡口船頭領修補船隻工料價動用淤租銀一百一十九兩零四分

一墊發道廳房書吏等預借光緒十三年春季加添紙飯動用淤租銀

二百一十三兩零三分分作四季扣還歸款

以上開除淤租共銀一千零四十三兩二錢七分

寔在

一存光緒十二年歲搶修節存銀二百三十八兩五錢二分九厘一毫一絲一忽

一存光緒十一年歲搶修節存銀一百八十兩零九錢三分零三毫六絲六忽

一存各州縣淤租銀二千二百九十四兩六錢一分四厘零二絲六忽

本道塔

光緒十三年三月十一日户庫房承

造送

光緒十二年分收發過隙租銀兩數目年終四柱冊底

鹽運使銜直隸永定河道塔

呈今將職道收發過光緒十二年分永定河隙租銀兩數目理合造具年終四柱清

册呈送須至册者

今呈

光緒十二年分

舊管

一存隙租銀八十八兩七錢二分五厘八毫五絲

新收

一收霸州解到光緒十二年隙租銀九兩九錢七分九厘四毫

一收霸州解到光緒十二年南老堤十丈地租銀五十兩零零八分六厘

一收永清縣解到光緒十二年隙租銀二百三十三兩一錢七分二厘三毫五絲

一收永清縣解到光緒十一年隙租銀四十七兩三錢九分五厘五毫

一收永清縣解到光緒十年隙租銀四錢四分八厘八毫

一收永清縣解到光緒九年隙租銀三兩七錢八分一厘九毫

一收永清縣解到光緒八年隙租銀二兩四錢七分四厘

一收永清縣解到光緒七年隙租銀九錢七分九厘

一收永清縣解到光緒六年隙租銀二兩一錢三分九厘

一收東安縣解到光緒十二年隙租銀二十一兩六錢四分三厘

一收東安縣解到光緒十一年隙租銀四兩七錢四分一厘

一收北七工解到光緒十二年北遥堤十丈柳隙地租銀三十兩零五錢五分

以上新收隙租共銀四百零七兩三錢八分九厘九毫五絲

開除

一發永定河道衙門光緒十二年四季轎夫頭目工食銀二十五兩七錢四分五厘二毫

一發永定河道衙門光緒十二年四季增貴各役工食銀八十六兩八錢一分九厘二毫

一發南岸同知北岸同知會領光緒十二年春季致祭李公祠經費銀十兩

一發北岸同知北岸通判會領光緒十二年四季東　龍王廟義學館師修脯節禮銀四十兩

一發北岸同知北岸通判會領光緒十二年東 龍王廟義學煤炭灯油銀六兩

一發北岸同知北岸通判會領光緒十二年東 龍王廟義學館師官聘銀二兩

一發北岸通判領光緒十二年四季房舍銀五十六兩

一發三角淀通判領南七工栽種柳株辦公銀五十兩零零八分六厘

一發鄭都司領巡查下口兵飯銀十五兩八錢七分

一發鄭都司領採買巡查下口船隻價銀二十兩

一發祭祀 馬神祠上供銀十二兩

一發修理道署圍墻工料價銀九兩五錢九分

一發光緒十二年冬季防庫兵役油薪銀九兩

一發刷印渡口告示紙張銀六兩五錢

一撥還淤租項下銀七十兩

以上開除淤租共銀四百一十九兩六錢一分零四毫

實在

一存隙租银七十六两五钱零五厘四亳

本道塔[illegible]

光緒十三年三月十一日戸庫房承

造送

光緒十二年分収發過葦租銀兩數目年終四柱册底

鹽運使銜直隸永定河道塔

呈今將職道收發過光緒十二年分永定河葦租銀兩數目理合造具年終

四柱清册呈送須至冊者

今呈

光緒十二年分

舊管

一存葦租銀二十六兩零零四厘六毫六絲二忽

新收

一收武清縣解到光緒十一年葦租銀一百七十九兩五錢三分四厘

一收武清縣解到光緒十年葦租銀四十九兩二錢七分七厘

一收武清縣解到光緒八年葦租銀二兩五錢八分

一收武清縣解到光緒七年葦租銀五兩一錢九分七厘六毫

一收武清縣解到光緒六年葦租銀五十三兩八錢四分八厘五毫

一收武清縣解到光緒五年葦租銀五十五兩九錢七分九厘

以上新收葦租共銀三百四十六兩四錢一分六厘一毫

開　除

一發南岸同知領光緒十二年春夏二季　龍王廟僧人養膳銀二十四兩

一發南岸同知北岸同知會領光緒十二年歲修李公祠經費銀二十二兩

一發北岸同知領修補東　龍王廟工料價銀四十一兩七錢一分八厘

一發修理　大昌閣工料價銀八十五兩六錢五分九厘

以上開除葦租共銀一百七十三兩三錢七分七厘

實　在

一存葦租銀一百九十九兩零四分三厘七毫六絲二忽

本道塔

光緒十三年三月十一日戸庫房承

造送

光緒十二年分派發過香火租銀兩數目年終四柱冊底

鹽運使銜直隸永定河道堵
呈今將職道收發過光緒十二年分永定河香火地租銀兩數目理合造具年終
四柱清册呈送須至册者

今呈

光緒十二年分

舊管

一存香火租銀八十五兩零九分六釐四毫五絲

新收

一收永清縣解到光緒十二年香火租銀一百三十六兩七錢三分三釐
一收永清縣解到光緒十一年香火租銀二十二兩五錢零九釐五毫
一收永清縣解到光緒十年香火租銀八錢三分五釐
一收永清縣解到光緒九年香火租銀八分五釐
一收北下汛解到光緒十二年　戒台寺香火租銀二十二兩九錢零二釐

一收南六工鮮到光緒十二年 關帝廟香火租銀六兩

一收南七工鮮到光緒十二年 文昌閣並于若河香火租銀二十五兩零六分一厘

一收北五工鮮到光緒十二年 元神廟香火租銀五兩一錢六分

一收北六工鮮到光緒十二年 龍神廟並田倫田一七香火租銀三十九兩六錢三分四厘

一收北七工鮮到光緒十二年落垈村香火租銀七兩零一分

一收光緒十二年酉 龍王廟香火租銀一百二十四兩八錢

一收光緒十二年 料神祠香火租銀二十一兩

以上新收香火租共銀四百一十一兩七錢二分九厘五毫

開除

一發南岸同知領修理酉 龍王廟工料價並羣墻共銀四十二兩八錢八分八厘

一發南岸同知領光緒十二年四季酉 龍王廟義學館師修膳節禮銀四十兩

一發南岸同知領光緒十二年酉 龍王廟義學煤炭灯油銀六兩

一發南岸同知領光緒十二年秋冬二季酉 龍王廟僧人養膳銀二十四兩

一發南岸同知領光緒十二年西　龍王廟僧人每逢朔望預備茶炭香燭銀二兩

一發光緒十二年五月十三日　關帝廟上供銀五兩

一發春季祭祀　龍神上供並酒席燈燭銀四十兩

一發戶庫禮房領光緒十二年　社神祠香燭銀一兩

一發戈什哈領光緒十二年　文昌閣香燭銀一兩

一發戈什哈領光緒十二年　馬神祠香燭銀一兩

一發轅門外委領催取西　龍王廟香火地租川費銀一兩五錢

一撥還借欵墊發修理　社神祠工料銀二十一兩

以上開除香火租共銀一百八十五兩三錢八分八厘

寔　在

一存香火租銀三百一十一兩四錢三分七厘九毫五絲

本道塔[illegible]

光緒十三年三月廿日戸庫房承

造送

光緒十二年分収發過部院飯銀兩數目年終四柱冊底

鹽運使銜直隸永定河道塔

呈今將職道收發過光緒十二年分永定河部院飯銀兩數目理

合造具年終四柱清冊呈送須至冊者

今呈

光緒十二年分

舊管

一存光緒七年至十一年部飯銀四千四百四十九兩九錢一分零零七

絲九忽二微

新收

一收光緒十二年部飯銀八百九十兩零一錢二分三厘四毫九絲

一收光緒十二年院飯銀七百五十二兩

以上新收部院飯共銀一千六百四十二兩一錢二分三厘四毫九絲

開除

一呈解光緒十二年院飯京平銀八百兩九四平核庫平銀七百五十二兩

以上開除院飯銀七百五十二兩

寔　在

一存光緒七年至十二年部飯銀五千三百四十兩零零三分三厘五毫六絲九忽二微

本道塔

光緒十三年三月十一日户庫房承

光緒十二年分派發過另案院飯銀兩數目年終四柱册底

造送

鹽運使銜直隸永定河道塔

呈今將職道收發過光緒十二年分永定河另案院飯銀兩數目

理合造具年終四柱清冊呈送須至冊者

今呈

光緒十二年分

舊管

無項

新收

一收扣存　憲台衙門河務房書吏光緒十二年四季續增飯食銀一

百四十一兩一錢五分六厘

開除

一呈解　憲台衙門河務房書吏光緒十二年四季續增飯食銀

一百四十一兩一錢五分六厘

寔　在

無　項

本道塔[illegible]

光緒十三年三月十一日

戶庫房承

造送

光緒十二年分收發過閑款銀兩數目年終四柱冊底

鹽運使銜直隸永定河道增
呈今將職道收發過光緒十二年分永定河閑款銀兩數目
理合造具年終四柱清冊呈送須至冊者
今呈
光緒十二年分
舊管
無項
新收
一收閑款銀五百七十兩零七錢二分零一毫
開除
一呈解憲台衙門河務房書吏隨汛飯食銀二十六兩五錢一分
一呈解憲台衙門河務房書吏年賞銀五十兩零四錢二分二厘
一發南四工領修理防汛公館銀四十八兩二錢七分二厘七毫

一發南四工領上堤公宴銀二十六两八錢一分八厘二毫
一發南四工領伏汛安瀾公宴銀二十两
一發南四工領轅門褉支銀三十五两七錢五分七厘六毫
一發永定河道衙門六房書吏隨汛賞需銀一百零七两二錢七分二厘八毫
一發永定河道衙門外委隨汛賞需銀五十三两六錢三分六厘四毫
一發永定河道衙門各役隨汛飯食銀八十两零四錢五分四厘六毫
一發永定河道衙門户庫房書吏紙張銀十四两三錢零三厘
一發五廳領各房書吏隨汛賞需銀五十三两六錢三分六厘四毫
一發隨汛委員薪水銀五十三两六錢三分六厘四毫

以上開除閑款共銀五百七十两零七錢二分零一毫

寔在

無項

本道塔

光緒十三年三月十二日戶庫房承

造送

光緒十二年分收發過建曠心紅修署銀兩數目年終四柱冊底

鹽運使銜直隸永定河道塔

呈今將職道收發過光緒十二年分永定河建曠心紅等項銀兩

數目理合造具年終四柱清冊呈送須至冊者

今呈

光緒十二年分

舊管

一存建曠並罰飯銀二千零二十三兩三錢五分五厘四毫七絲六忽四微

一存心紅銀十一兩零零六厘

新收

一收光緒十一年四季各汛河兵缺曠七成銀十二兩八錢九分七厘五毫

一收光緒十二年春季兵餉建曠七成銀五十兩零一錢九分四厘八毫

一收光緒十二年春季武職俸薪建曠並缺曠六成銀七兩三錢四分八

厘一毫五絲八忽八微

一收光緒十二年夏季兵餉建曠七成銀一百两零零一錢零九厘六毫
一收光緒十二年夏季武職俸薪建曠並缺曠六成銀七两九錢二分
七厘四毫四絲三忽二微
一收光緒十二年秋季兵餉建曠七成銀一百两零零一錢零九厘六毫
一收光緒十二年秋季武職俸薪建曠並缺曠六成銀七两九錢二分七
厘四毫四絲三忽二微
一收光緒十二年冬季兵餉建曠七成銀五十两零四錢一分八厘八毫
一收光緒十二年冬季武職俸薪建曠並缺曠六成銀十二两一錢六分
四厘九毫一絲六忽二微
一收守備呈繳南岸千把總光緒十二年冬季馬乾俸薪缺曠寔
銀一两九錢七分二厘
一收鄭都司借資辦公銀一百两
一收墊發檀署道應支光緒十一年冬季二十三天半廉銀二十两零四錢三

分九厘二毫九絲

一收北岸同知借款修署銀七十二两

一收三角淀通判借款修署銀六十两

一收北中汛借款修署銀二十六两四錢

一收北下汛借款修署銀二十五两

一收北二上汛借款修署銀二十五两

一收北二下汛借款修署銀二十两

一收北三工借款修署銀二十一两六錢

一收北四下汛借款修署銀四十两

一收南二工借款修署銀二十两

一收南四工借款修署銀五十两

一收南五工借款修署銀十六两六錢六分

一收南六工借款修署銀二十两

一收南八上汎借欵修署銀三十两
一收南八下汎借欵修署銀十一两五錢二分
以上新收建曠共銀九百零九两六錢八分九厘五毫五絲一忽一微
開除
一墊發南岸同知領借欵修署銀三百两
一墊發南岸同知領盧溝司借欵修署銀一百两
一墊發三角淀通判領南五工借欵修署銀一百五十两
以上開除建曠共銀五百五十两
寔在
一存建曠並劄飯銀二千三百八十三两零四分五厘零二絲七忽八微
一存心紅銀十一两零零六厘

本道塔

光緒十三年三月十一日

戶庫房承

造送

光緒十二年收發過歲搶修內扣六分土工銀兩數目年終四柱冊底

鹽運使銜直隸永定河道塔

呈今將職道收發過光緒十二年分永定河歲搶修工程銀內應扣

六分部平歸辦土工銀兩數目理合造具年終四柱清冊呈送須至冊者

今呈

光緒十二年分

舊管

一存光緒十一年六分土工節存銀一兩一錢二分八厘

一存光緒十年六分土工節存銀七十三兩二錢八分二厘九毫

新收

一收藩庫撥發光緒十二年歲搶修工程內扣六分平歸辦土工銀五千六百八十一兩六錢三分九厘內除司庫

扣留一分二厘司費並委員支用川資

共銀九十八兩一錢七分九厘六毫六絲外

寔收銀五千五百八十三兩四錢五分九厘三毫四絲

開除

一發五廳領各汛加培土工銀五千二百九十三兩六錢九分五厘七毫六絲

一撥另存光緒十二年六分平内應扣僱觔飯册銀二百八十九兩七錢六分三厘五毫八絲

以上開除六分平共銀五千五百八十三兩四錢五分九厘三毫四絲

寔在

一存光緒十一年六分土工節存銀一兩一錢二分八厘

一存光緒十年六分土工節存銀七十三兩二錢八分二厘九毫

光緒十四年正月　日

收發歲搶修等項銀兩簿

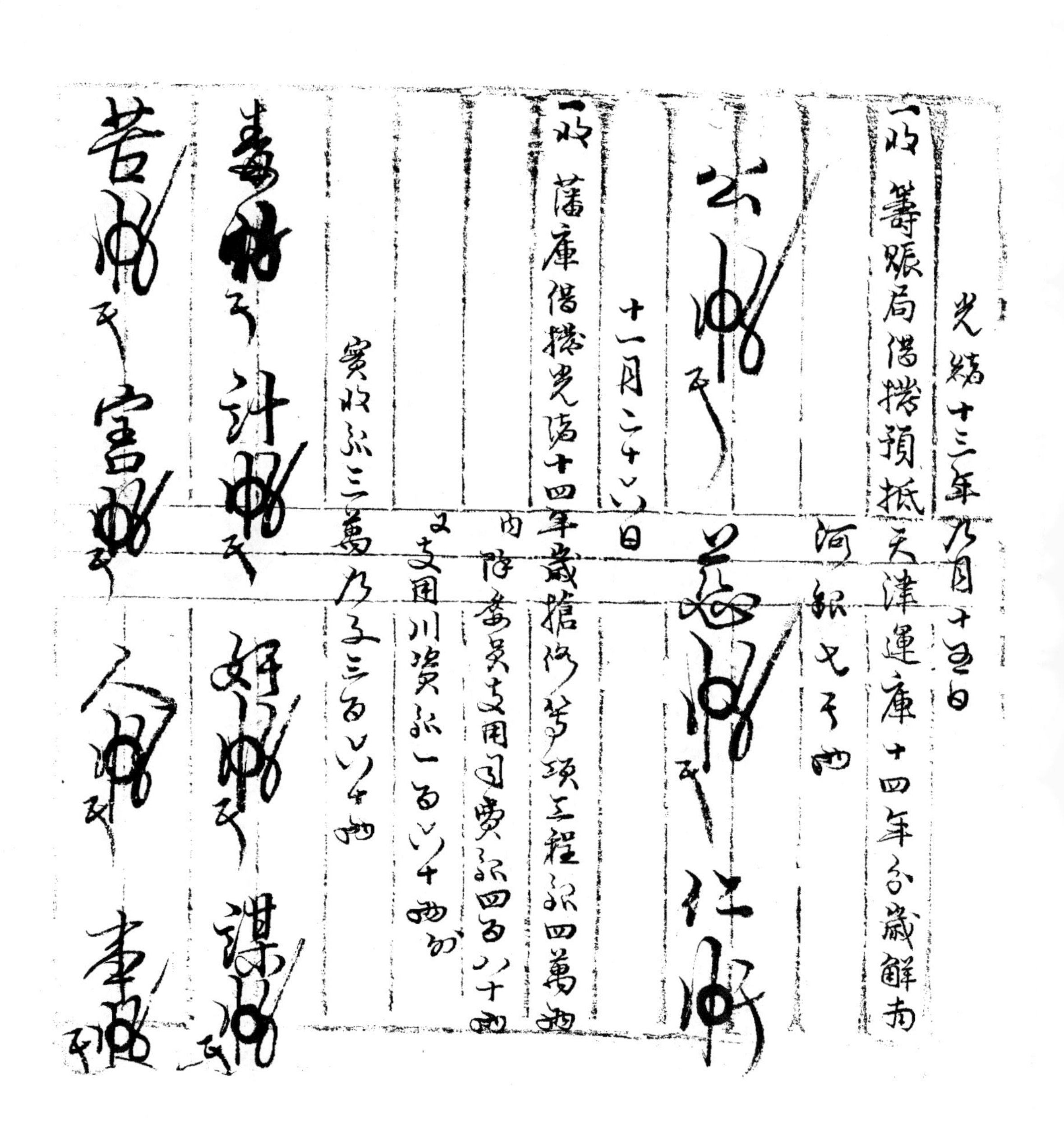

光緒十三年九月十五日

一收 籌賑局借撥預抵天津運庫十四年分歲解南

河銀七千兩

公 代 慈 代 仁

一收 藩庫借撥光緒十四年歲搶修等項工程銀四萬兩

十一月二十六日

內 除委員支用司費銀四百八十兩

又 支用川資銀一百六十兩

實收銀三萬九千三百六十兩

壽 代 計 代 好 代 謀 代

若 代 害 代 人 代 事 代

到收讫　两收讫　今收讫　把收讫

命收讫　殯殮　當收讫　玉收讫

光绪十四年三月十一日

委员　正任三角隆通判丁　候补县正堂沈　特用县　玉县正堂　高

一收蕃房拨发光绪十四年岁摊收入千程银五万三千九百八千七两五

钱〇四分四毛以上五忽内除上年借

过银四万两当应拨收银一万三千九百

八千七两五钱〇四厘四毛以上五忽内扣

经手给宾勝银九千一百〇八两五钱

零四厘一毛〇七忽以敷内找扣日费

银一百〇九两三钱〇二分〇四丝九忽二

敷支除委员支用川费银一百四十两外

实收银八千八百五十九两二钱〇二分〇五丝六忽微

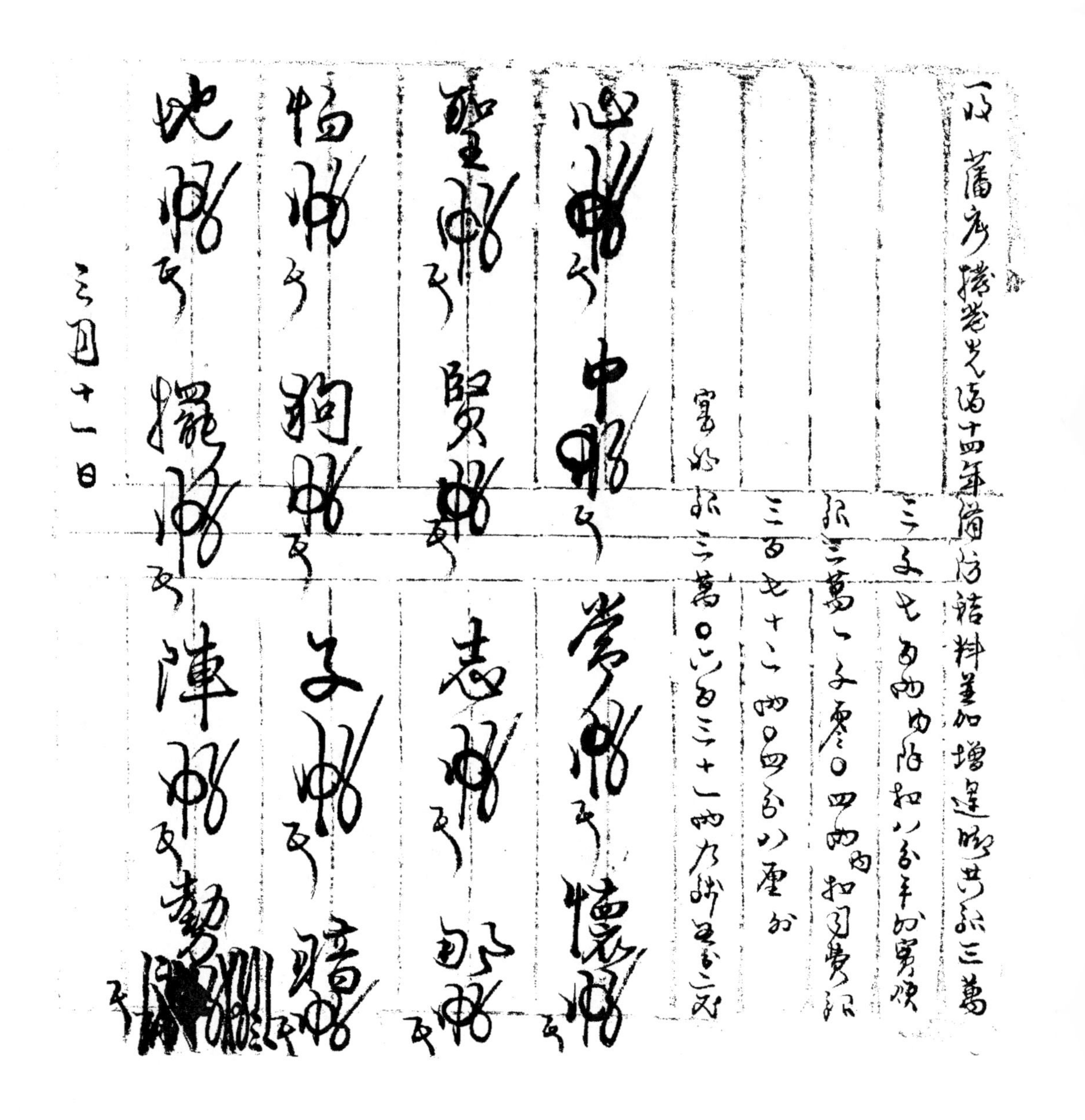

一、收蒲房搭蓋光緒十四年備存結料並加增運腳共銀三萬
三千七百兩內除扣八分平砝實領
銀三萬一千零〇四兩內扣司費銀
三百七十二兩四錢八分外
實領銀三萬〇六百三十一兩五錢二分

三月十一日

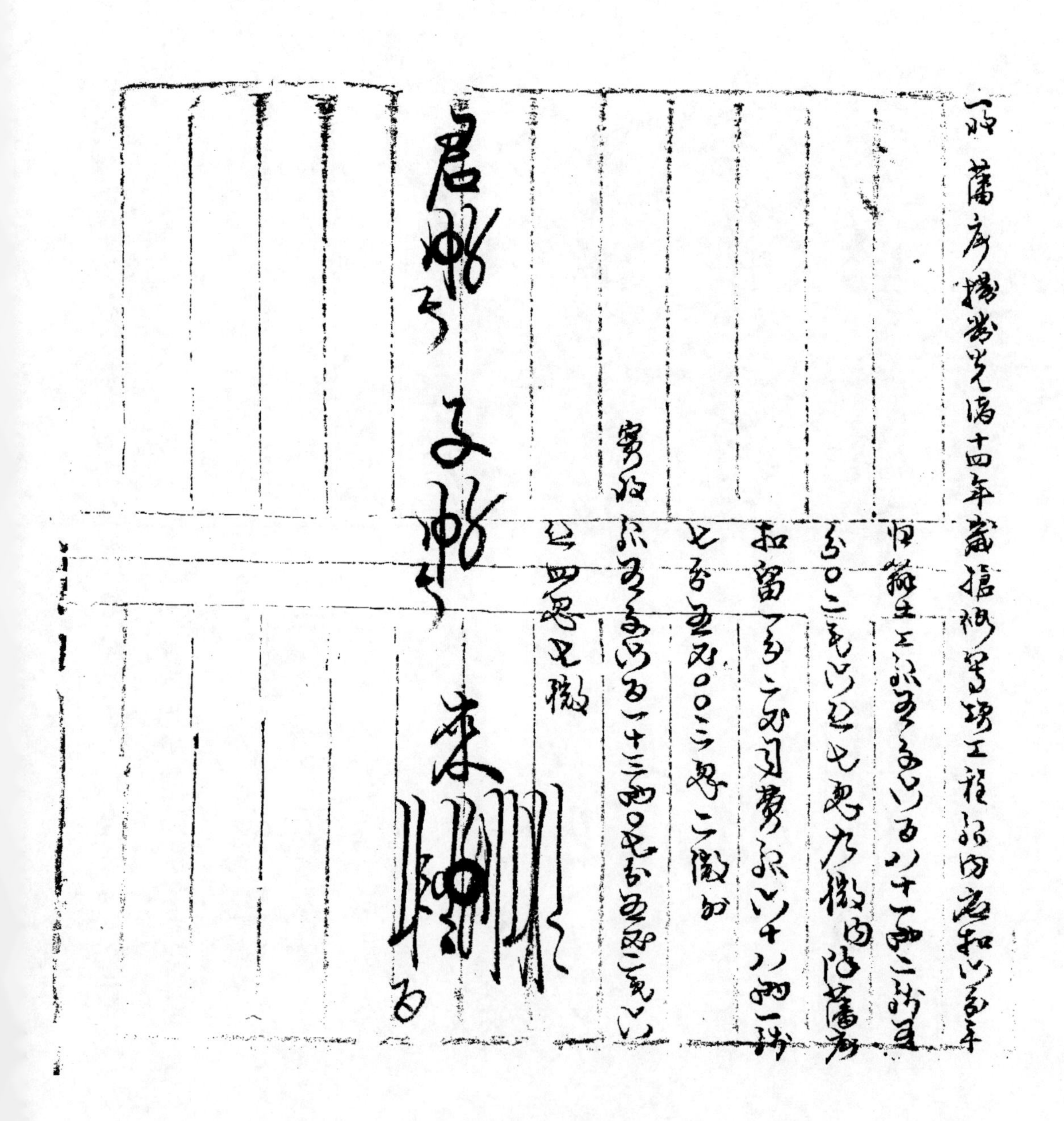

一件 蒲房攔壩光緒十四年歲搶修等項工程銀兩內應扣六分平

光緒十三年九月十五日

仁

一原存庫平銀二千兩

九月十八日

一發南岸廳領南四上等汛預籌來年防汛緊要工程銀八百兩

實存銀一千二百兩

全道憲任內

遵封印條

九月十九日

一發下北廳領防險因預籌來年加培土工銀五百兩

實存銀七百兩

遵封印號

九月二十三日

光緒十四年歲搶修項下

一發三角淀廳領南五上加培來年緊要土工銀二百八十兩

實存銀四百二十兩

正封帖

庭之中付

九月二十四日

一發南岸廳領南上三汛加培來年緊要土埽工程銀三百兩

實存銀一百二十兩

正封帖

九月二十六日

一收出空箱存平銀二千五百兩

一發南岸廳領南上汛該辦來年加培土埽工程銀七百兩

一發上北廳領北三三五號隨工挑辦防護來年土工土牛方價銀八十兩

一發下北廳領北五工預買來年秸料二垛價銀七十二兩

實存銀一千七百六十八兩

一發南岸經收李炳備帶箱南上四五號搭津船車馬伙食銀十兩四

實存銀五千三百四十四兩〡〢〡〢二毫

匯六

右道憲鈞閱

十月二十七日

一收慈字箱二庫平銀二千五百兩

一發上北陸找順收三五五號滬上挑箱費除來年土三土牛分價銀二兩

一發下北陸找順聯局箱費來年土埽各工並補發分價銀二百二十〡〡〡〡〡九釐

一發三角洲陸找順南岸三號箱來年緊要土埽各工銀一百七十兩〇五錢〡〡〇〡毫二絲

實存銀三千一百三十三兩〡〡三分〡〡五毫〡絲

近封收

廣六

十一月十九日

一撥归光緒十三年歲搶修項下不敷銀二千一百兩

實存銀二十三兩八錢三分八厘五毫八絲

廣六

十二月初八日

一收壽計好謀善宮人事到局公把府領出面箱存銀二萬四千三百兩

一發石景山廳領防險來年常防稭料價七成銀八千七百兩

南岸同知在先添稭料一揆在內已扣

一發南岸廳領防險來年常防稭料價七成銀一萬一千九百兩

一發北岸廳領防險來年常防稭料價七成銀五千二百兩

一發下北廳領防險來年常防稭料價七成銀二千八百兩

一發三角淀廳領防險來年常防稭料價七成銀五千八百兩

一提紫採買去年藶價銀三百另十兩

　　實存銀一千五百二十二兩八錢三分六厘五毫八絲

十二月二十日

一攝本道去年委員經備防銀一千三百二十二兩三分八毫

光緒十四年正月二十四日

　　實存銀三百二十一兩四錢五分八厘五毫八絲

　　實存銀八百二十一兩四錢三毫八絲

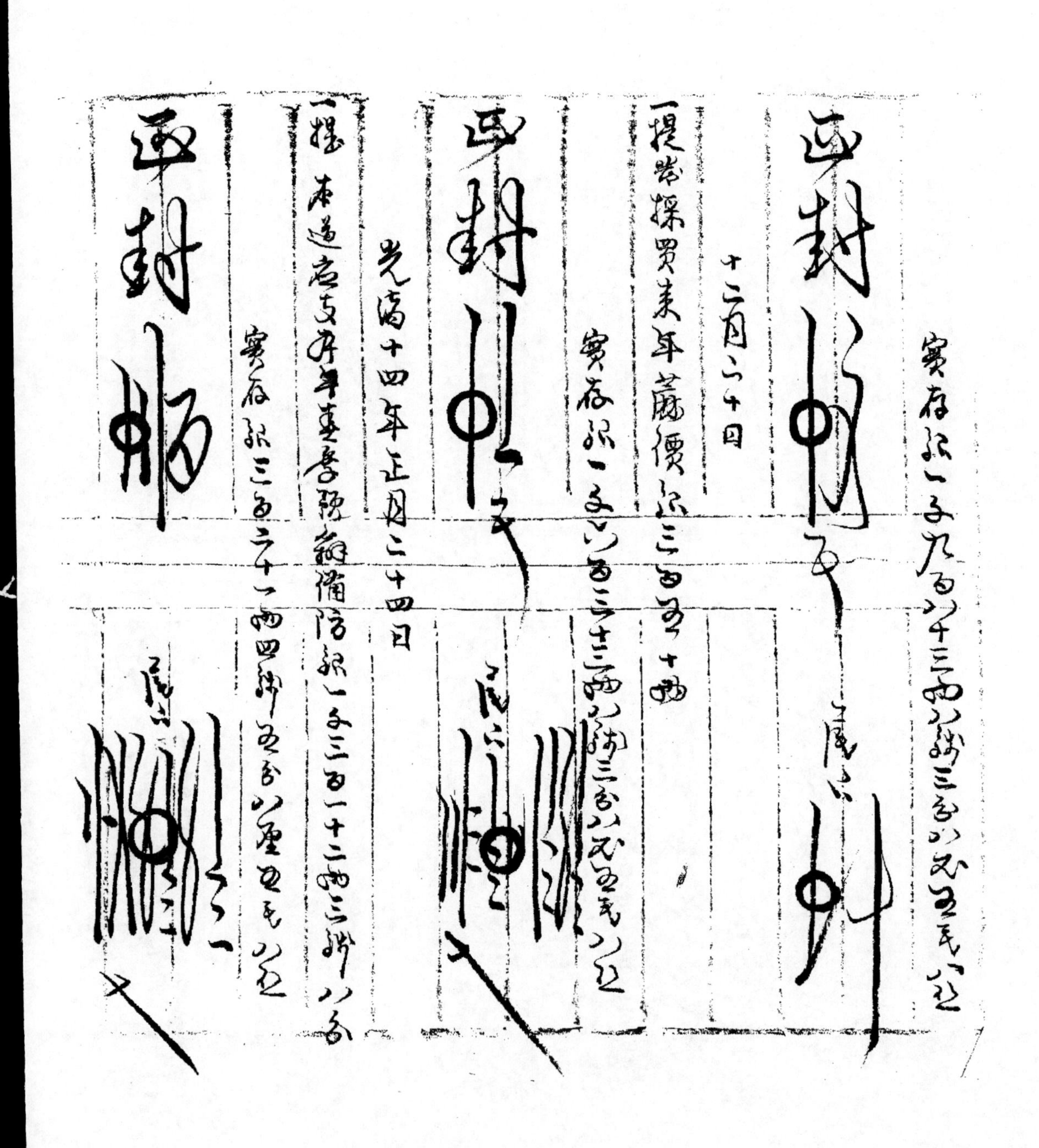

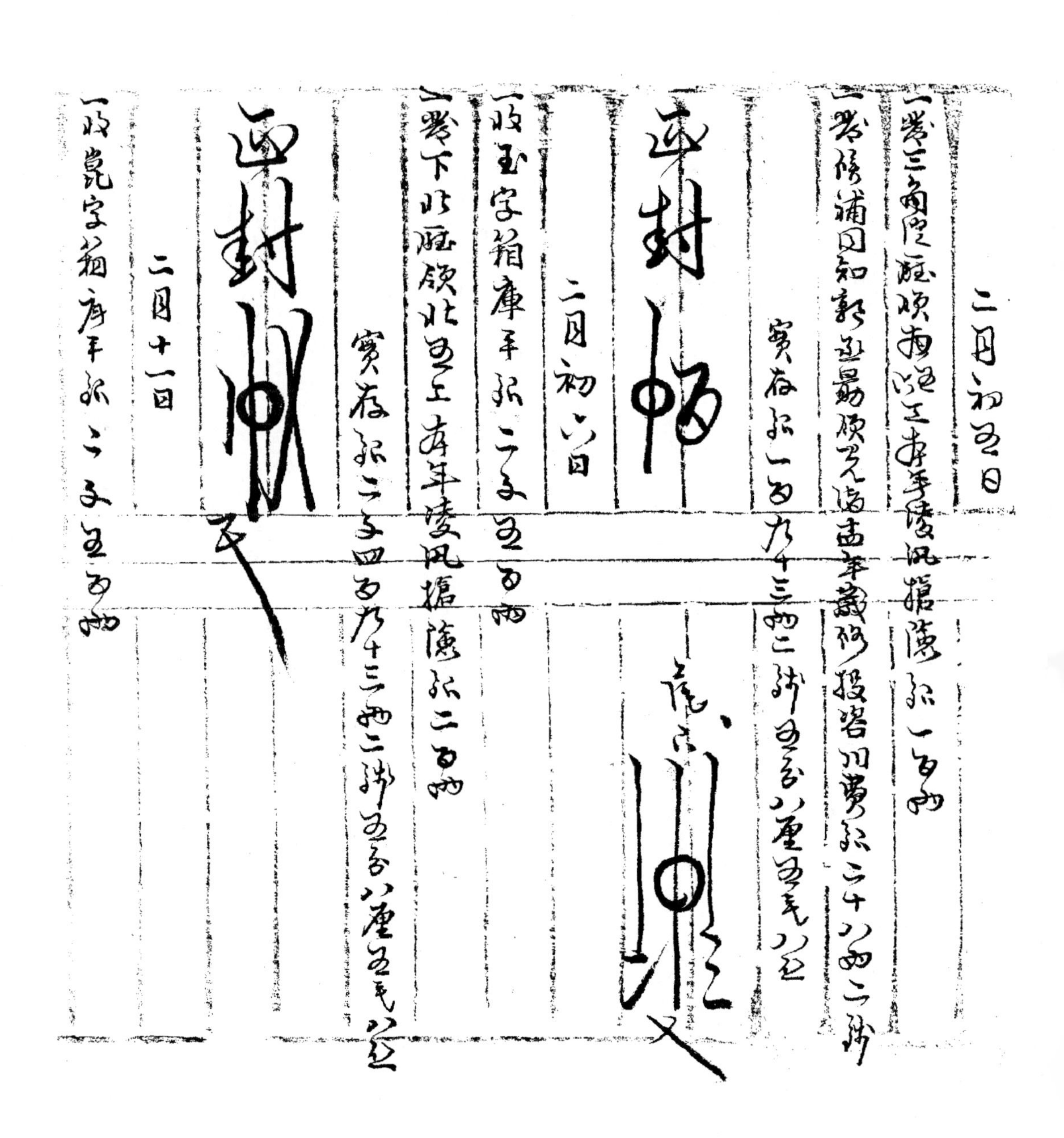

二月初五日

一發三角閘礮頭南港江本年凌風損壞銀一百兩

一發修補因知縣巡閱礮頭路道本年歲修搭蓋川費銀二十八兩二錢

實存銀一百九十三兩二錢五分八厘五毛八絲

照封條

底存照

二月初六日

一收玉字箱庫平銀二千五百兩

一發下北礮頭北岸上本年凌風損壞銀二百兩

實存銀二千四百九十三兩二錢五分八厘五毛八絲

照封條

二月十一日

一收崑字箱庫平銀二千五百兩

一款五廠項下風本年節閏逢節備防共銀二千三百九十五兩〇九分三厘五毫

一款道廠高書吏本年支養紙張筆三營并新兵共銀九百二十九兩三錢一分三厘八毫

一款本廠南北上下廠項（北上三十五兩、南下十八兩、上四十五兩、下四十五兩、南北上下共……）並省風篷新兵防料獎賞共銀一百一十兩

一款下北廠項抄五錢已建並建風篷銀四十五兩

一款三角塘廠項南以上拉船並建篷風篷銀四十五兩

一款西四三項本年張門禄支銀三十五兩七錢五分七厘八毫

一總款採買本年薪價銀一百兩

實存銀一千三百四十三兩〇九分三厘八毫八絲

東封虹氏

六月二十九日

永清

扣清

一總撥款本年支發薪俸銀三百八十四兩二錢

實存銀九百五十八兩八錢九分三厘八毫八絲

正封錮　　　　三月十三日　　　　庚[illegible]

一收那怕狗子賠地擺陣勢共九個箱，庫平銀二萬一千九百九十一兩一錢五分五厘五毫六絲

見前　一收整卷本年春季等項銀三百八十四兩二錢

一撥易各光緒十四年歲修條頭工程內存和隆號佰母共銀四千二百三十五兩
九錢八分二厘八毫〇九忽

一發南岸頭段找領所屬各風尾閘料價銀五千一百二十一兩八錢

一發三角隄頭段找領所屬各風尾閘料價銀二千四百二十七兩四錢

一發石景山頭段找領所屬各風尾閘料價銀二千八百七十三兩二錢

一發上北頭段找領所屬各風尾閘料價銀二千二百五十二兩九錢

一發下北頭段找領所屬各風尾閘料價銀一千一百七十三兩八錢（內有北下汛工程借料價銀一百兩撥還汛報）

一發南岸頭段領條理南二工金門閘磨盤隄防與公館並揚掃金門閘石隄[illegible]
工料價銀一百二十兩

一發南岸廳屬南上汛下汛二工三工建蓋翻蓋汛房工料價共銀一百二十四兩

一發三角淀廳屬南北上汛建蓋汛房工料價銀十八兩

一發三角淀廳屬南北五工凌汛搶險革五處共銀一百一十九兩二錢〇五分（右冊銀兩款係二月初五日奉憲札填發公費機器）

一發下北廳屬北五工添蓋樁料價七成銀三百七十兩

一發上北廳屬北二下四三工建蓋翻蓋汛房工料價銀三十三兩

一發南四工張汛員撥修理防汛公館銀四十八兩二錢七分二厘七毛

一撥發委員孫庠鍾祥葉翔平澄兆繪晉德律風機器庫平銀二千兩（此銀撥還電報局）

實存銀二千三百兩另八錢〇分厘四毛二絲九忽六微

函封

四月十六日

一收聖賢志共三個箱庫平銀七千五百兩

一發五廳領各汛本年二閏運務備防共八銀二千三百九十五兩〇九分三厘五毫

一發道廳房書吏本年夏季紙飯並三營薪水共銀八百三十兩〇八錢三分二毫七絲

一發戶庫禮房書吏領本年加增紙張銀十四兩三錢〇三厘

一撥本道庫存本年夏季十九天截日領藉備防銀二百七十七兩〇五分八厘

一撥本道庫存本年夏季十九天截日一分年防銀十八兩六錢七分九厘三毫五絲八忽

一撥發採買麻價銀二百九十三兩二錢八分八厘一毫三絲

一撥發委員採辦種樣華路及塔光購買德律風機器價銀二千兩

一發石景山廳領蘆溝司承辦修補石景山東岸石工銀一百四十兩

一發石景山廳領石景山對岸修東岸修補石堤七成銀四百四十六兩二錢九分九毫

一發南岸廳領修補南岸石隄工料七成銀一百五十四兩

一發南岸廳領蘆溝司翻蓋風房銀十五兩

一發石景山廳領所屬各汛挑積土牛方價七成銀一百九十五兩一錢〇八分五毫

一發南岸廳領所屬各汛挑積土牛方價七成銀三百一十四兩四錢六分四厘

一發北岸廳領所屬各汛挑積土牛方價七成銀一百四十七兩七錢

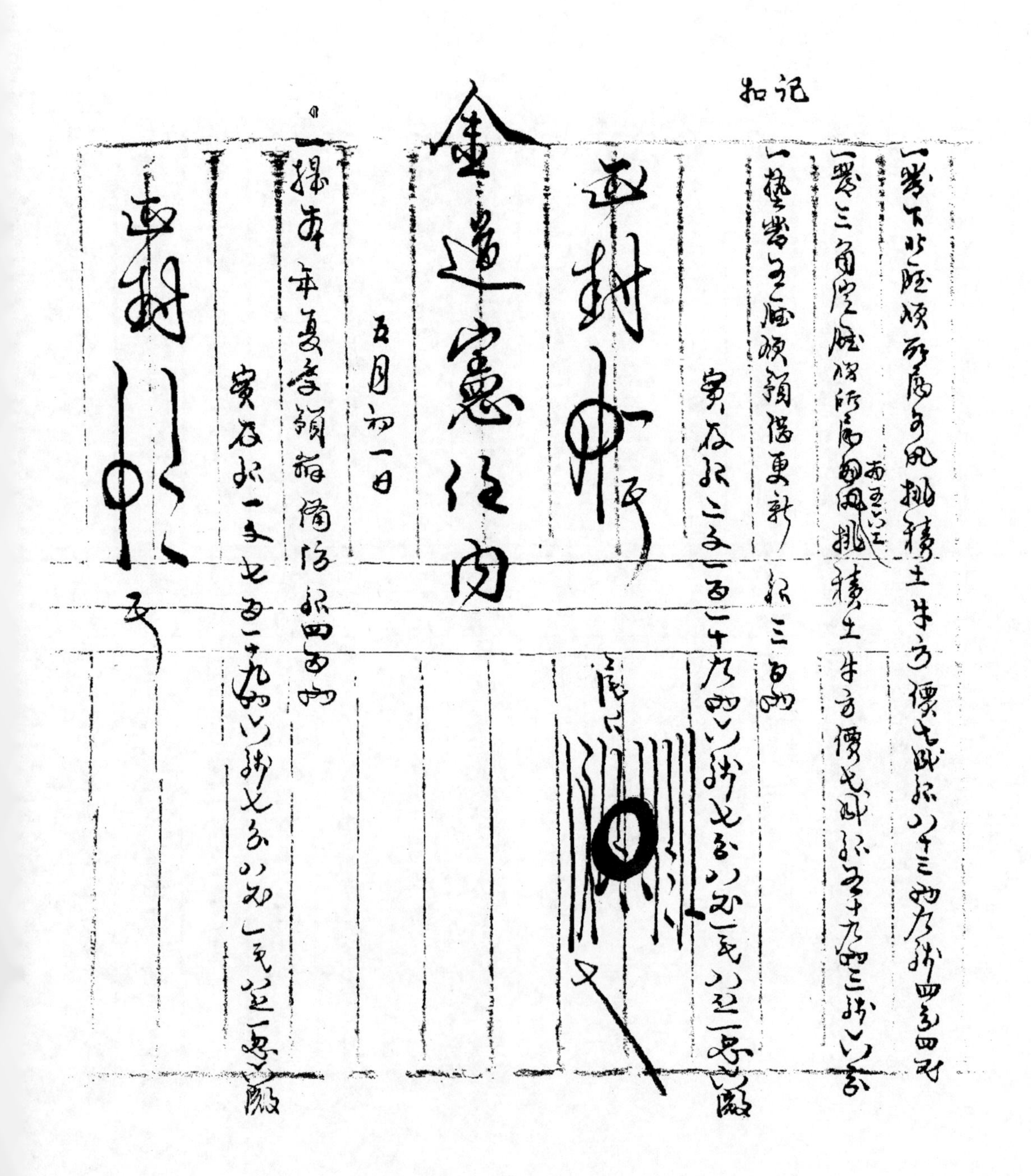

五月初七日

一發南岸廳領辦理全河閘壩工程銀四百兩

一發南岸廳找領拘振潤進銀三十七兩三錢三分

一發三角淀廳領南五工添辦料價銀三百五十兩

實存銀九百三十三兩三錢四分八厘一毫八絲一忽八微

再封

五月十三日

一收北中兩個箱庫平銀五千兩

一發五廳領備存防險費銀二千八百兩

一發五廳領五汛防險銀一千二百兩

一發五廳領五汛器具銀四百四十兩

一發南岸廳領南五汛添辦料價充發銀二百八十兩

一發南岸廳領南四工本年五汛廳汛原額津貼公費庫平銀八十七兩四錢九分二厘

一发南岸厅领修南二工金门闸估费银四十两

一发三角淀厅领南八工汛土埽方价银五十六两

记扣 一发下北厅领借北五工积存备防银五十两

一发郭家务厅领烟墩下口土料银五十两

一发南四工周汛员领土堤公宴银二十六两八钱一分八厘二毫

一发通厅书吏并差随从员马盘费及役饭食共银一百八十七两七钱二分

实存银一千七百一十四两三钱一分〇八毫八丝一忽六微

七日四

函封 日 支

五月十九日

一发三角淀厅领南八工汛添办岁防秸料银三百六十两

一发三角淀厅领南八工汛添建汛铺各房银七十八两

寔存银一千二百七十六两三钱一分零五毫八丝一忽六微

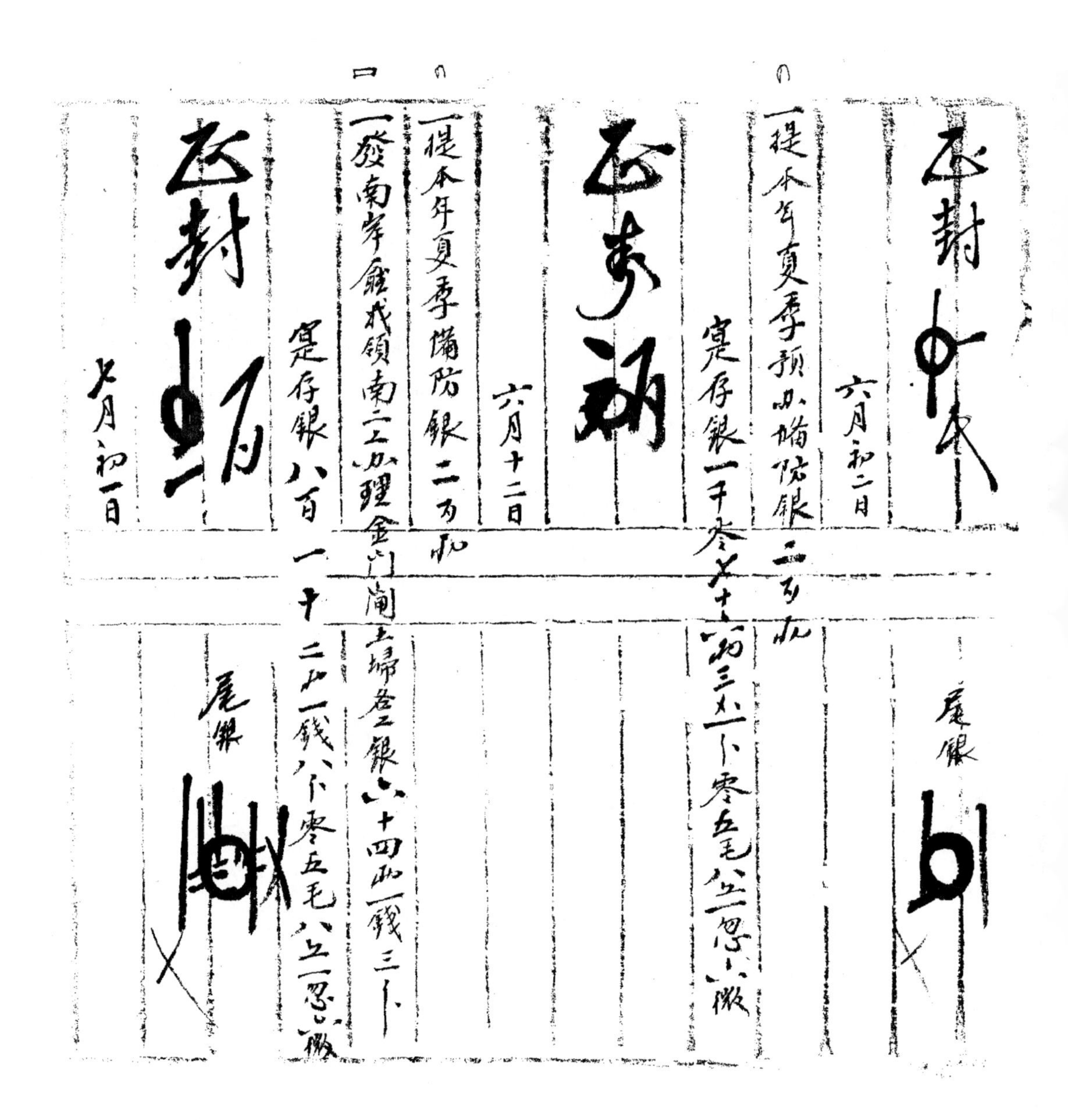

一提本年夏季预办備防銀二万兩
六月初二日
實存銀一千零七十七兩三錢八分零五毛八絲一忽六微

一提本年夏季備防銀二万兩
六月十二日
一發南岸廳戎領南二工辦理金門閘土埽各工銀六十四兩一錢三分
七月初一日
實存銀八百一十二兩一錢八分零五毛八絲一忽六微

一提本年夏季備防銀三万兩

一發南四工周汛員領伏汛安瀾公宴銀二十兩

一發南岸廳領盧溝司修理石工並添修石工料價銀九十三兩三錢五分

寔存銀三百九十八兩八錢三分零五毛八丝一忽八微

戊封

七月初十日

一收常懷兩個箱俸平銀五千兩

一墊發北上汛搶辦旱口門工程銀二千兩

寔存銀二千三百九十八兩八錢三分零五毛八丝一忽八微

戊封

七月十八日

一發南岸廳領南二工搶修大堤漫口裹頭銀五百兩

一發南岸廳戎領南上汛添辦稭草料三成銀五十六兩

一發南岸廳戎領各汛挑積土牛方價三成銀一百三十三兩六錢五分六釐

一發三角淀廳戎領各汛挑積土牛方價三成銀二十五兩四錢四分

一發石景山廳戎領各汛挑積土牛方價三成銀八十三兩六錢一分七釐五毛

一發上北廳戎領各汛挑積土牛方價三成銀六十三兩三錢

一發下北廳戎領各汛挑積土牛方價三成銀三十五兩九錢七分六釐

一發三角淀廳戎領南五工添辦稭料價三成銀一百九十二兩五錢

一發三角淀廳戎領南六工添辦料價銀二百五十二兩

一發三角淀廳領南七工建蓋汛房工料價銀九十兩

一發六房書吏隨汛費需下一半庫平銀五十三兩六錢三分六釐四毛

一發外委隨汛費需下一半庫平銀二十六兩八錢一分八釐二毛

一發五廳房書吏隨汛費需下一半庫平銀二十六兩八錢一分八釐二毛

實存銀八百五十九兩六錢六分八釐二毛八絲一忽六微

空

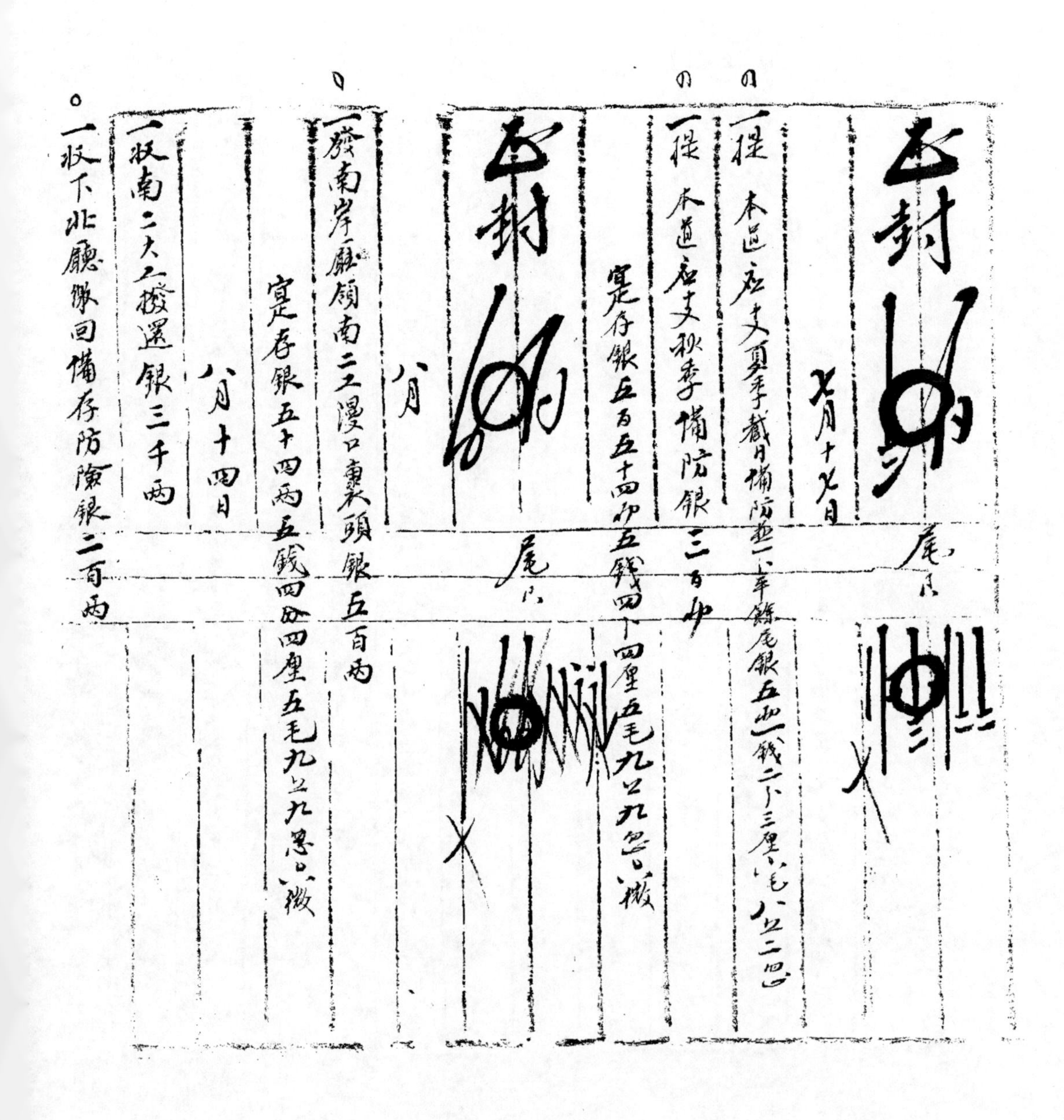

本封

七月十九日

尾

一提本道庄丈夏季截留備防款一年餘尾銀五兩一錢二分三厘八毛八絲二忽

一提本道庄丈秋季備防銀三百兩

實存銀五百五十四兩五錢四分四厘五毛九絲九忽八微

本封

尾

八月

一發南岸廳領南二工漫口裹頭銀五百兩

實存銀五十四兩五錢四分四厘五毛九絲九忽八微

八月十四日

一收南二大工撥還銀三千兩

一收下北廳撥回備存防險銀二百兩

一收石景山廳繳回備存防險銀三百兩

一收上北廳繳回備存防險銀三百兩

一收三角淀廳繳回備存防險銀四百一十八兩五錢三分七厘

一收五廳會領預借更新銀七十五兩

一收北五工預借備防銀五十兩

一發五廳領各汛本年三河運腳備防芟銀二千三百九十五兩零九分三厘五毛

一發道廳房書吏秋季紙飯並三營薪水芟銀九百一十九兩三錢一分三厘八毛

一提本道秋季備防銀三百兩

一發下北廳領北五工添辦樁料價三成銀十二兩五錢

一發隨汛委員薪水銀五十三兩六錢三分六厘四毛

一發南岸廳領南四工大汛搶險各役費號銀五十七兩

一發歸添款項下備用銀四百一十八兩五錢三分七厘

寔存銀二百四十二兩零零零八毛九絲九忽六微

尾日

正封

八月二十一日

一收添款項下發還庫平銀四百一十八兩五錢三分七厘

一提本年秋季備防銀五百兩

寔存銀一百六十兩零五錢三分七厘八毛九絲九忽六微

八月二十八日

一收南岸驗繳回備存防險銀二百零八兩九錢二分四厘

一發南岸驗領南二六工東頭委員薪水銀四十八兩

又發找領東頭土料銀六兩七錢零四厘

寔存銀三百一十四兩七錢五分七厘八毛九絲九忽六微

九月初十日

一發南岸廳領預借冬季運腳銀二百兩

寔存銀一百一十四兩七錢五分七厘八毫九絲九忽八微

九月二十七日

一收石景山廳繳回備存防險銀八十九兩

一撥本道署本年秋季備防銀八十兩

實存銀一百二十四兩七錢五分七厘八毫九絲九忽八微

十月初三日

一撥南岸廳領南四工十三號堤運料腳價銀八兩五錢二分

實存銀一百零八兩二錢三分七厘八毫九絲九忽八微

德承 謹

十一月初五日

一收光緒十五年歲搶修項下庫平銀八百兩

一撥本道署本年冬季備防銀一百二十三兩三錢八分

一據本道本年冬季錢糧備防銀三百兩

一發上北廳楊村二下汛樂水樁料價銀一百九十二兩

實存銀九十兩〇八錢五分七厘四毫九絲九忽八微

底

十一月初六日

一收北運河十五年歲搶修項下存銀二百兩

一發三角淀廳撥南運河料價銀七十一兩四錢二分一厘四毫

一呈繳本年四季河務房書吏續增飯食并賞隨飯食共存銀二百一十八兩〇八分八厘

實存銀一兩三錢四分八厘四毫九絲九忽八微

底

十一月十九日

一存光绪十五年岁措收过下库平银二千四百两
一收石巢山坝湖田防护银一百三十两
一收南岸坝湖田防护银二百六十四两三钱九分
一收北岸坝湖田防护银一百三十七两○五分二厘七毛
一收下北坝湖田防护银一百○三两三钱三分四厘
一收三角沟坝湖田防护银九十四两六钱七分
一收五坝当借更新银七十五两
一收南岸坝领借本年息案归银二百两
一发五坝领各项本年民阅运柳修防共银二千三百九十五两九钱三分五厘
一发道坝各书吏本年各处纸张笔墨俸及一应车船三节薪水共银九百七十九两三钱一分三厘
一发南岸坝领南四工搪护银九两二钱
实存银七十九两○二分七厘八毛九丝九忽以微

民之

民之

十二月初三日

一收光绪十五年岁揽修理下库平银二百两

一拨 本道库本年冬季头额备防银二百两

一发石景山厅领修理汛道料脚价银三十一两五钱三分

实存银四十七两五钱三分七丝八忽九微九尘九渺

发六

十二月十四日

一收光绪十五年岁揽修理下揽旧银八百两

一收回本年冬季十四天一分平余银十三两七钱八分三厘七毫一丝

一拨 本道库冬季职日七十八天头额备防银 拨五钱宫我 拨银八百〇八两二钱三分二厘

一发南四工周汛员领经理报销字识工食并五道罢看电匠工 原共银十二两

家存銀二百四十一兩〇六分九厘六毫〇七絲六微

西村頭

首

方道憲任內

十二月二十四日

一收光緒十五年掌搪修埝下擺佃銀二百兩

一發石景山廠截修石景山閘加高壩頭東岸修補石隄工料

三成價銀一百九十一兩二錢七分一文

一撥　本道庫大本年冬季截日十四天𠀤備防銀二百四

十一兩四分八厘

一撥本年冬季十四天一局平餘銀十三兩七錢三分三厘七毫八絲

家存銀三十一兩八錢八分八厘八毫九絲九忽

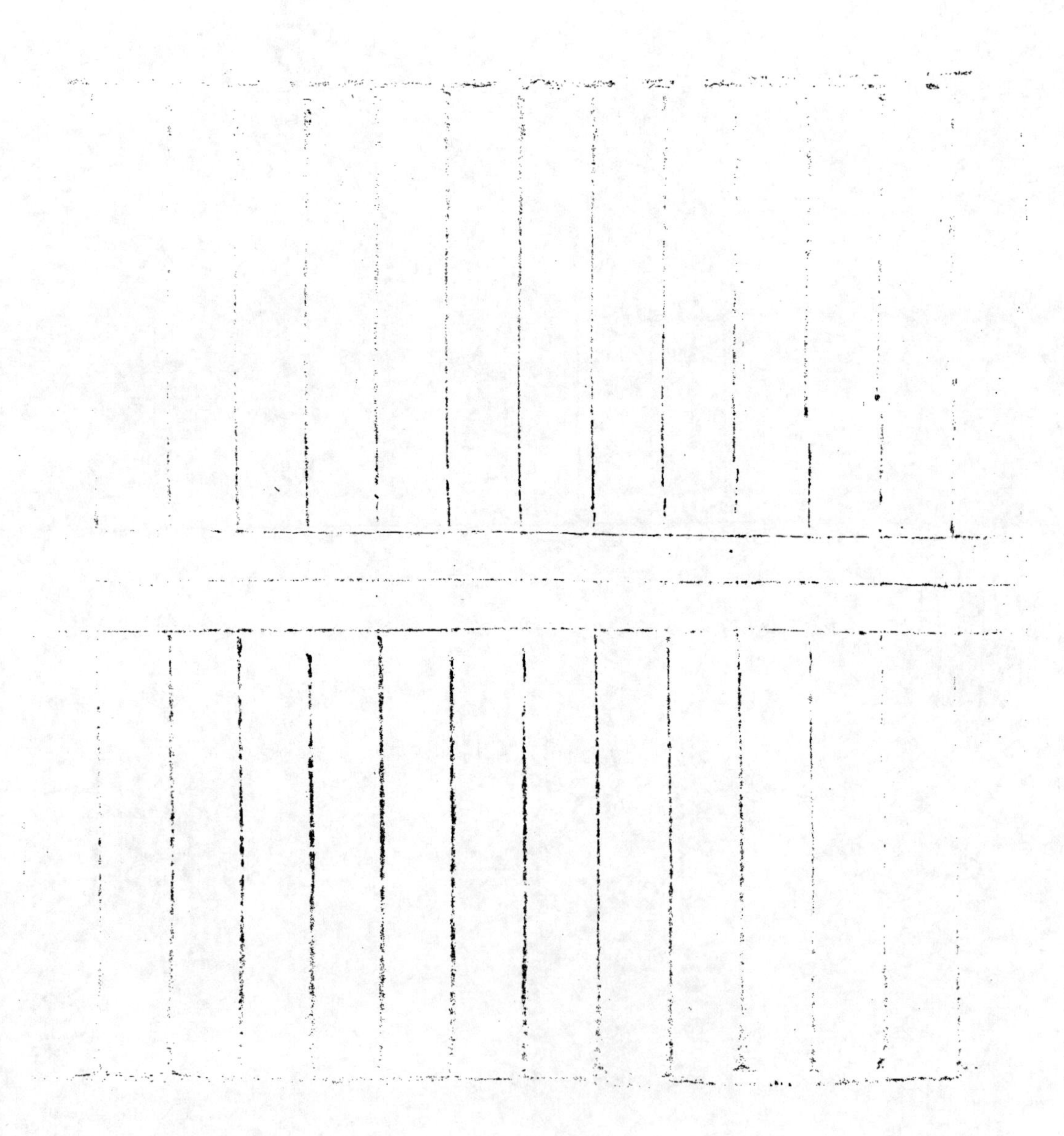

以字　來

光绪十四年三月十一日

一原存庄平银六百十三两〇七分五厘二毛一丝四忽七微

照封据

泉六

方德

三月十三日

正收君子箱庄平银五十两

一凿石景山脉顶所属分风加培土工七钱银五百两

一凿两肩脉顶所属分风加培土工七钱银一千二百两

一凿左旁脉顶所属分风加培土工七钱银三百两

一凿下旁脉顶所属分风加培土工七钱银五百两

一凿三角陵脉顶所属分风加培土工七钱银八百两

一拨另存光绪十四年以前年王工内应扣量领灐板册共银二百八十九两七钱四分三厘七毛五丝

实存银二千零二十三两二钱三分一毛五丝一忽四微七纤

光绪十四年以前年王工账

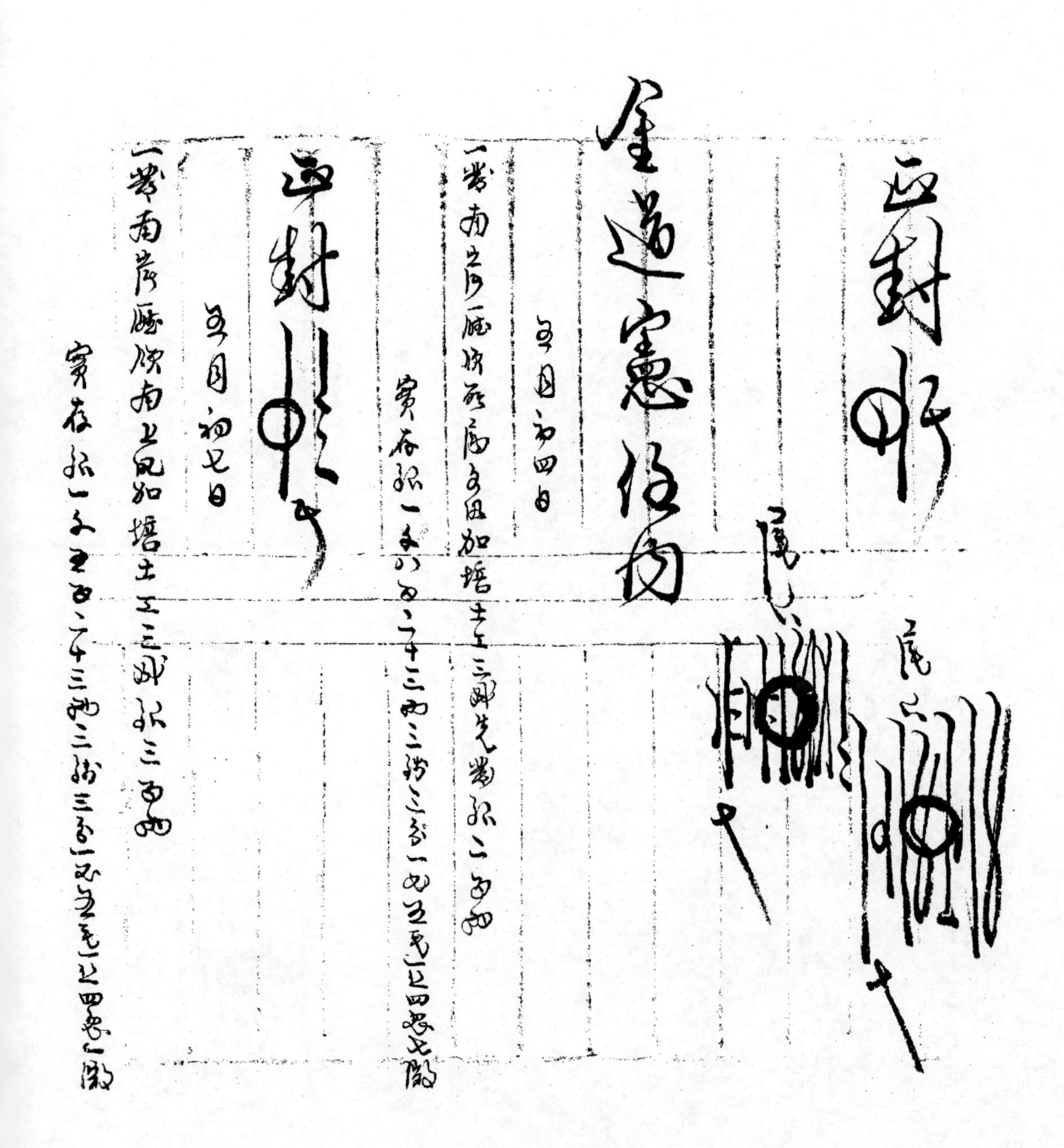

正封

全邑憲徐為

一戶南之彥一甌[illegible]名加增土工三畝先[illegible]銀二兩

年月初四日

實存銀一千八百二十三兩二錢二分一厘五毫一絲四忽七微

正封

年月初七日

一戶南彥勝[illegible]南上民加增土工三畝銀三兩

實存銀一千[illegible]三兩二錢三分一厘五毫一絲四忽一微

一發三角淀廳領南八下汛土牛銀三十八兩

五月十九日

正封

定存銀一千四百八十九兩三釐三上釐五一二四忽又微

一發上九廳領北四下汛各号挑培子埝土方價銀二万四十八加三六五八七釐毫九二五忽

六月十二日

正封 廣

定存銀一千二百四十少零九又又下三釐九毛一立九忽又微

一發上九廳領北四下汛各号挑培子埝土方

尾日

正封

七月十七日

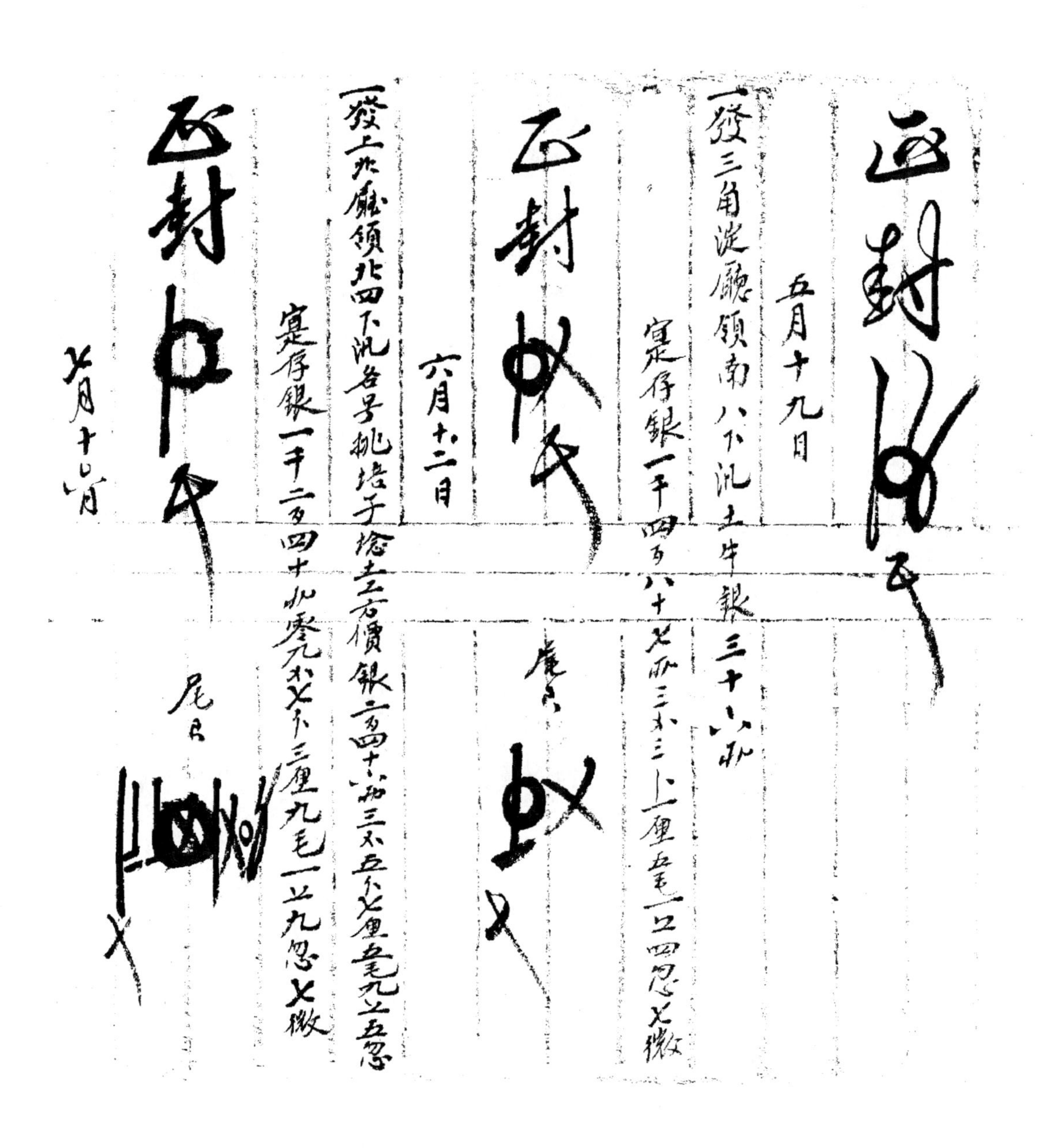

一發南岸廳戎領各汛加培土工三成銀二十一兩一錢零三厘

一發三角淀廳戎領各汛加培土工三成銀四百零四兩七錢零九厘七毛四忽

一發石景山廳戎領各汛加培土工三成銀二百九十七兩一錢七分

一發上北廳戎領各汛加培土工三成銀九十三兩六錢四分九厘五毛

一發下北廳戎領各汛加培土工三成銀二百一十六兩八錢九分零九毛

實存銀二百零八兩四錢五分零七毛七絲九忽七微

正封

尾存

三兩

十月初三日

一發南岸廳找領南四工挑築殘缺堤工銀一百二十一兩四錢

一發南岸廳領南四工挑積土牛方價銀十五兩

實存銀八十二兩〇四分〇七毛七絲九忽七微

尾

十一月十六日

一塘南五甲廳頭南四工頭二三四号號挑補殘缺隄工方價銀八十二兩〇四錢〇九毛七絲九忽七微

實存無項

此項原估銀二百〇五兩除將原存六百平儘數撥給其不敷之數由添款項下暫墊留此款陸續之

十二月初十日

一收縣租項下撥還塘南五甲廳頭南四工頭二三四号號挑補殘缺隄工方價銀八十二兩〇四錢〇九毛七絲九忽七微

一撥還添款項下墊塘南八下汛把總史元書頂下口挑海塘平銀六十兩

實存銀二十二兩〇四錢〇九毛七絲九忽七微

尾

方道寰在内

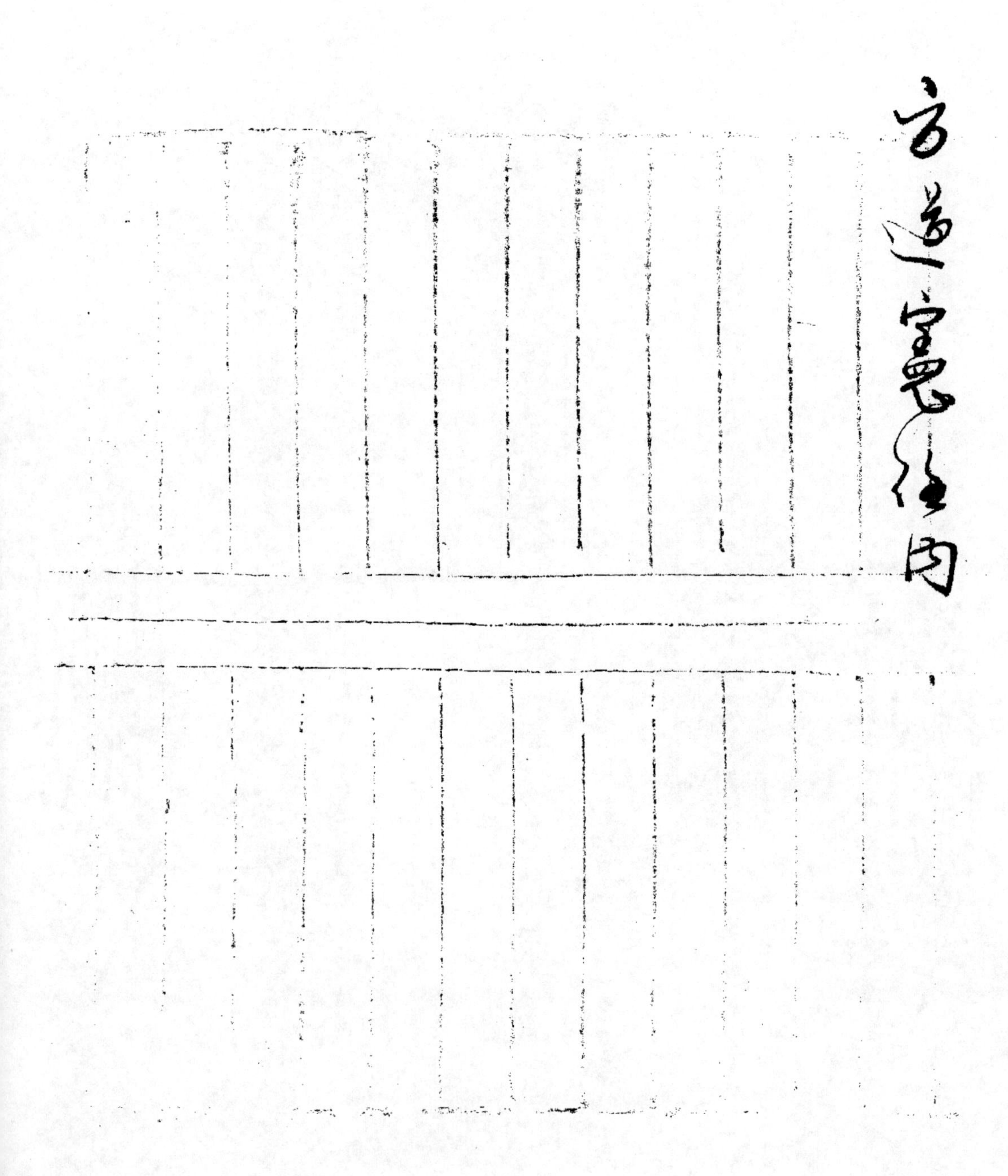

藏

光绪十四年分

一原存光绪十三年岁据修费存银□十五两八钱三分二厘二毫三丝五忽六微

艮六

一收五陵预借修？因备苏更新木差扛银七十五两

二月十一日

实存银一百七十两〇八钱三分二厘二毫三丝五忽六微

艮六

四月十六日

一收五陵预借运磁更新银七十五两

一拨当年凌汛积存抢险男兵酌赏银一百二十两

实存银一百二十五两八钱三分二厘二毫三丝五忽六微

光绪十三年岁据修费存

四封

艮六

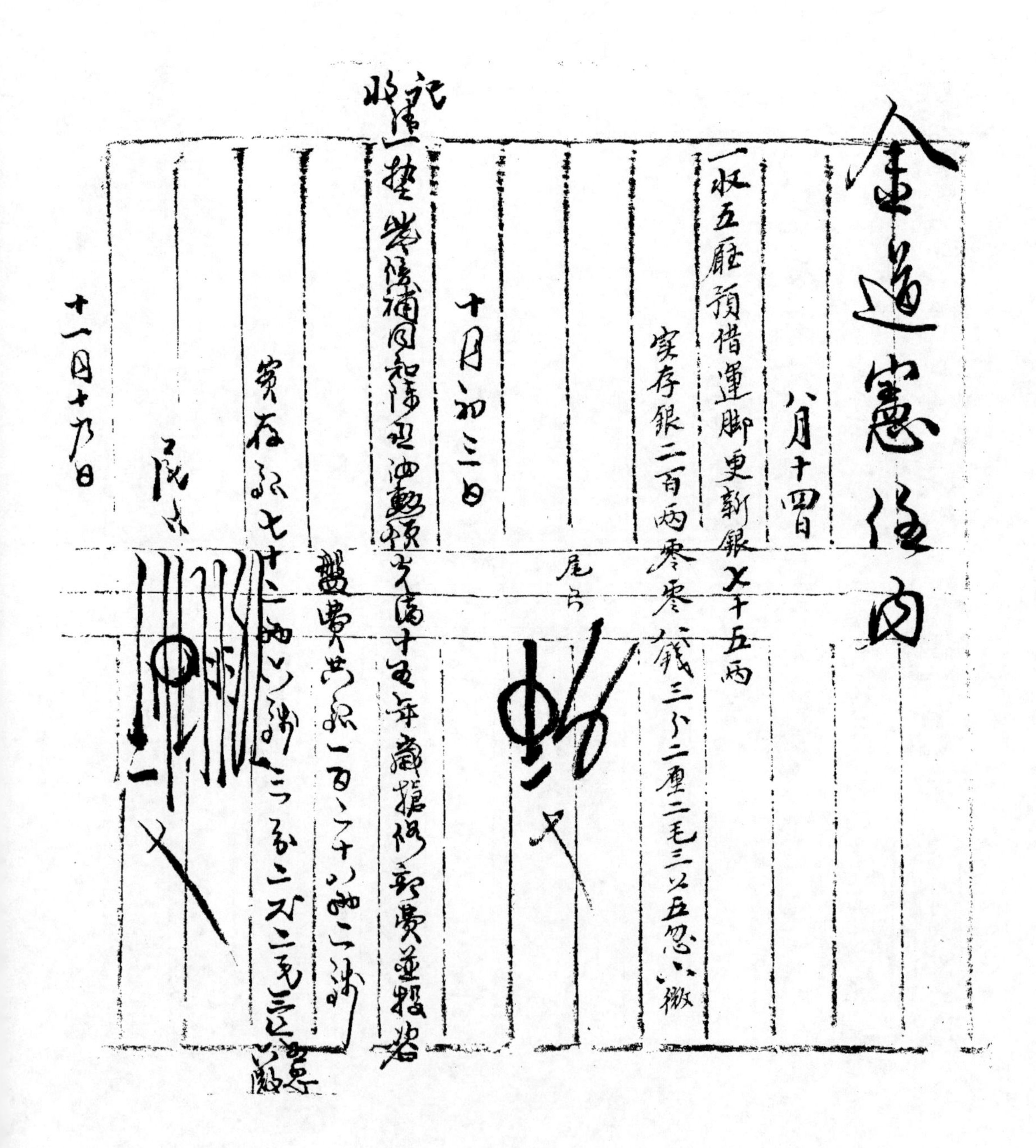

金道憲位內

八月十四日

一收五歷預借運脚更新銀七千五兩

實存銀二百兩零零錢三分二厘三毛三以五忽八微

記

收

十月初三日

尾后

一墊幾保補回和伊沿油動頼之高十五年藏擔借新費並報署

實存不七十三兩二分二厘三毛三忽八微

十一月十九日

茂

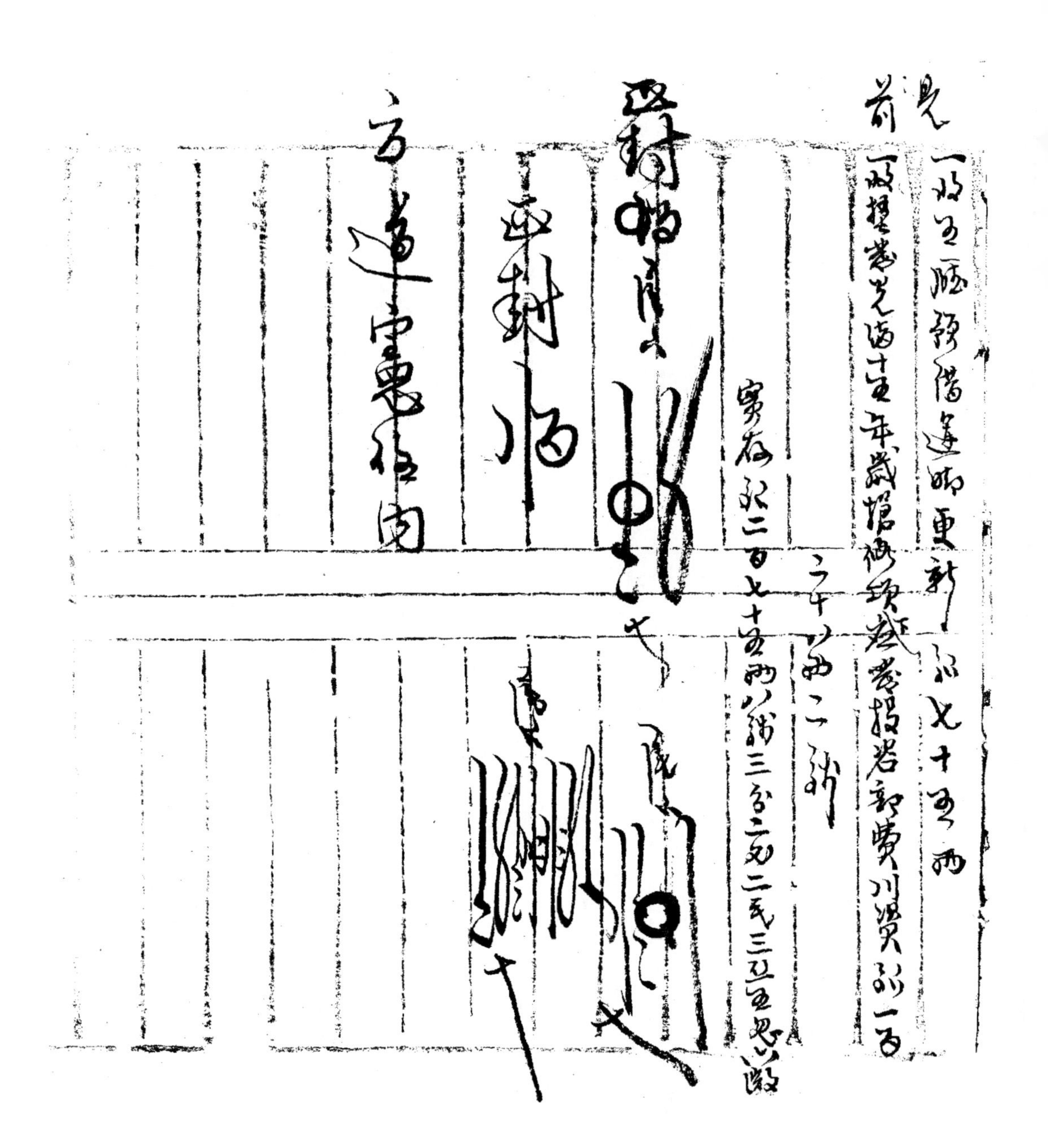

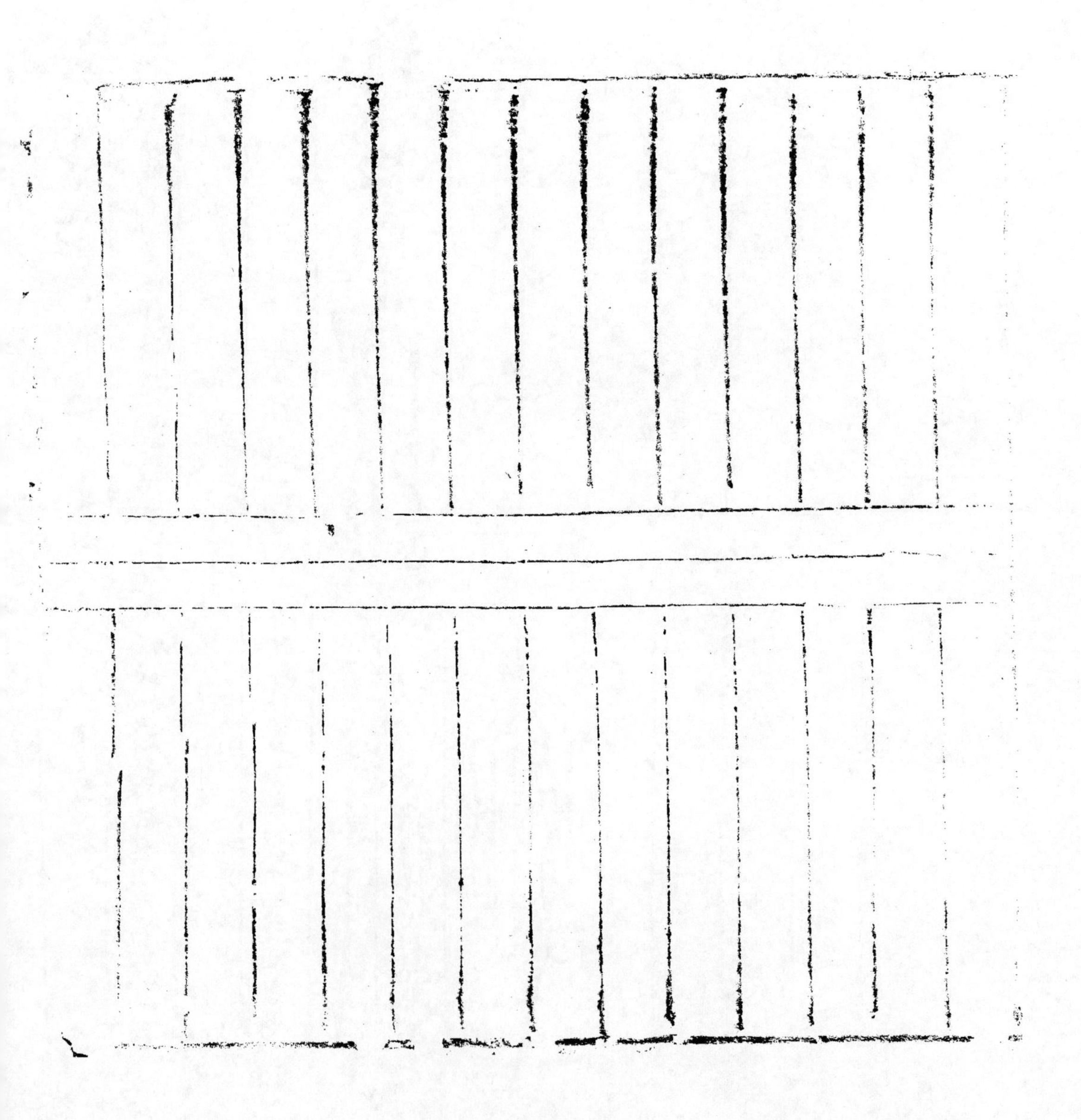

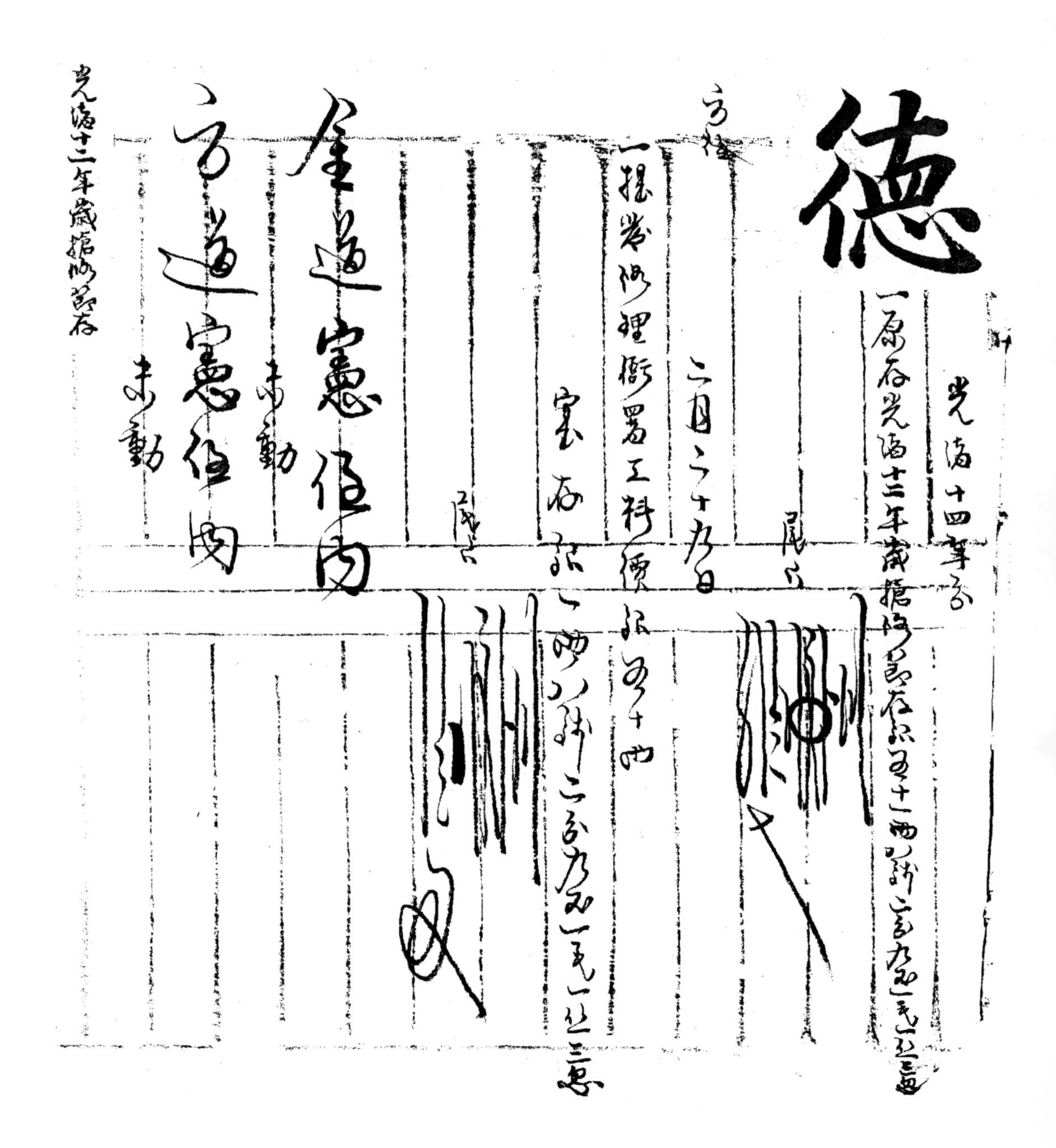

德

光绪十四年分

一原存光绪十二年岁修项下存银五十一两八钱三分九厘一毛一丝三忽

除支

一拨岁修理衙署工料价银五十两

二月二十九日

实存银二两八钱三分九厘一毛一丝三忽

除支

全道宪任内

未动

方道宪任内

未动

光绪十二年岁修项下存

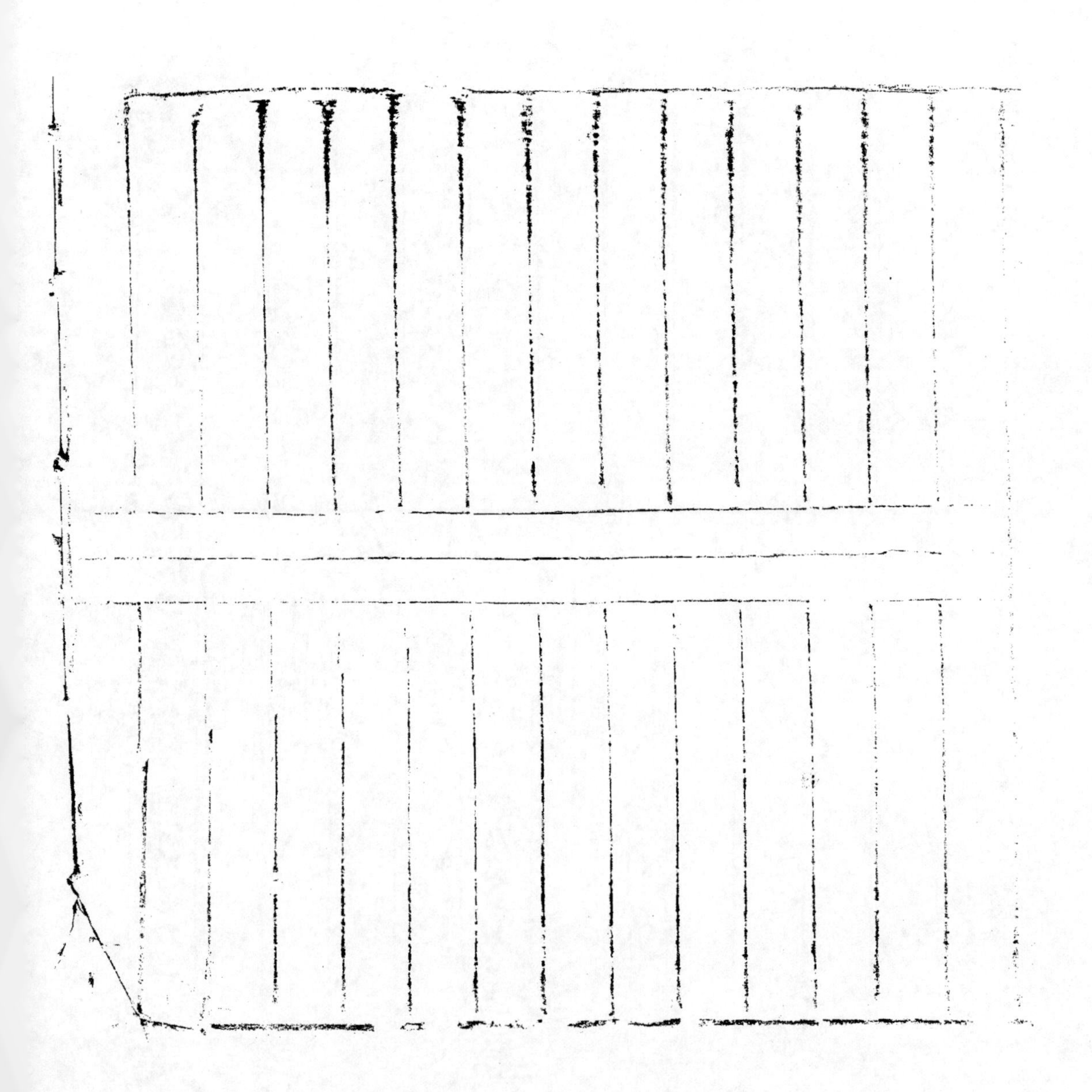

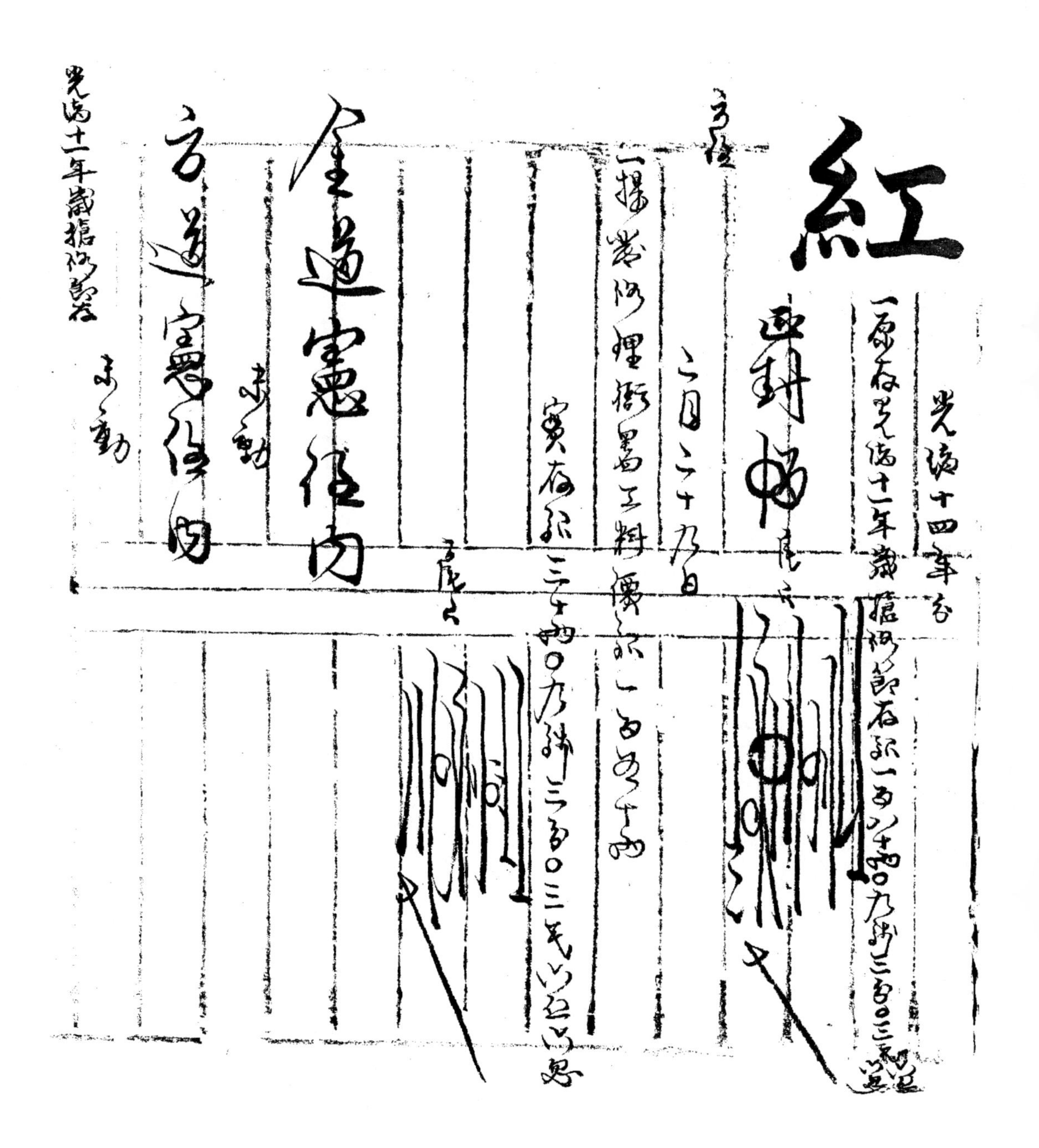

紅

光緒十四年分

一原存光緒十二年歲捐紳節存銀一百八十四兩〇九錢三分〇三毫

照封付

一撥營修理衙署工料價銀一百五十兩

三月二十九日

實存銀三十四兩〇九錢三分〇三毫

全造寶銀冊內

方送寶銀冊內

未動

光緒十二年歲捐紳節存

未動

知府用南岸同知

四品銜候補通判署三角淀通判　呈送

暨三角淀各汛做過光緒拾貳年搶修廂埽工程銷冊

知府用南岸同知鄭燦
四品銜候補通判署三角淀通判孫鍾祥

呈令將南岸各汛做過光緒拾貳年搶修廂埽工程併加簽椿需用工料銀兩數目理

合彙造簡冊呈送須至冊者

計呈

南岸同知屬

南岸頭工上汛霸州州同

一領銀壹千柒百叁拾壹兩伍錢玖分陸厘

又領加添秫秸運腳銀肆百貳拾捌兩玖錢陸分柒厘伍毫

第拾肆號隄長壹百捌拾丈頂寬貳丈伍尺底寬柒丈伍尺高捌尺

陸月分

第壹段　廂埽捌層寬壹丈貳尺長伍丈折見方每層

長陸丈捌層共單長肆拾捌丈

加長叁丈徑柒寸簽椿叁根

第貳段　廂埽柒層寬壹丈貳尺長伍丈折見方每

層長陸丈柒層共单長肆拾貳丈

加長貳丈伍尺徑陸寸簽椿貳根

第叁段

廂墊捌層寬壹丈貳尺長伍丈折見方每層

長陸丈捌層共单長肆拾捌丈

加長貳丈伍尺徑陸寸簽椿貳根

第肆段

廂墊柒層寬壹丈肆尺長伍丈貳尺折見方

每層長柒丈貳尺捌寸柒層共单長伍

拾丈零玖尺陸寸

加長貳丈伍尺徑陸寸簽椿貳根

第伍段

廂墊捌層寬壹丈貳尺長伍丈折見方每層

長陸丈捌層共单長肆拾捌丈

加長叁丈徑柒寸簽椿壹根

加長貳丈伍尺徑陸寸簽椿壹根

第陸段

廂墊捌層寬壹丈貳尺長伍丈折見方每層長陸丈捌層共单長肆拾捌丈

加長叁丈徑柒寸簽樁貳根

第柒段

廂墊捌層寬壹丈叁尺長伍丈折見方每層長陸丈伍尺捌層共单長伍拾貳丈

加長叁丈徑柒寸簽樁貳根

加長貳丈伍尺徑陸寸簽樁壹根

第捌段

廂墊捌層寬壹丈貳尺長肆丈肆尺折見方每層長伍丈貳尺捌寸捌層共单長肆拾貳丈貳尺肆寸

加長叁丈徑柒寸簽樁貳根

第玖段

廂墊柒層寬壹丈貳尺長肆丈肆尺折見方每層長伍丈貳尺捌寸柒層共单長叁拾

陸丈玖尺陸寸

加長貳丈伍尺徑陸寸簽樁貳根

第拾段　廂墊柒層寬壹丈貳尺長伍丈折見方每層長

陸丈柒層共单長肆拾貳丈

加長貳丈伍尺徑陸寸簽樁貳根

第拾壹段　廂墊捌層寬壹丈貳尺伍寸長伍丈折見方

每層長陸丈貳尺伍寸捌層共单長伍拾丈

加長叁丈徑柒寸簽樁叁根

第拾貳段　廂墊柒層寬壹丈貳尺長伍丈肆尺折見方

每層長陸丈肆尺捌寸柒層共单長肆拾伍

丈叁尺陸寸

加長叁丈徑柒寸簽樁貳根

第拾叁段　廂墊捌層寬壹丈貳尺長伍丈貳尺折見方每

層長陸丈貳尺肆寸搁層共单長肆拾玖丈玖尺貳寸

第拾肆段

加長叁丈徑柒寸簽樁貳根

廂墊搁層寬壹丈叁尺長伍丈伍尺折見方每層長柒丈壹尺伍寸搁層共单長伍拾柒丈貳尺

第拾伍段

加長貳丈伍尺徑陸寸簽樁叁根

廂墊搁層寬壹丈貳尺伍寸長伍丈肆尺折見方每層長陸丈柒尺伍寸搁層共单長伍拾肆丈

第拾陸段

加長叁丈徑柒寸簽樁叁根

廂墊搁層寬壹丈貳尺伍寸長伍丈貳尺折見方每層長陸丈伍尺搁層共单長伍拾

貳丈
加長貳丈伍尺徑陸寸簽椿叁根

第拾柒段

廂墊陸層寬壹丈貳尺伍寸長肆丈柒尺折
見方每層長伍丈捌尺柒寸伍分陸層共单
長叁拾伍丈貳尺伍寸
加長貳丈伍尺徑陸寸簽椿貳根

第拾捌段

廂墊捌層寬壹丈伍尺伍寸長伍丈折見方
每層長柒丈柒尺伍寸捌層共单長陸拾
貳丈
加長叁丈徑柒寸簽椿貳根
加長貳丈伍尺徑陸寸簽椿壹根

第拾玖段

廂墊陸層寬壹丈陸尺伍寸長伍丈壹尺折
見方每層長捌丈肆尺壹寸伍分陸層共

第貳拾段

单長伍拾丈零肆尺玖寸

加長貳丈伍尺徑陸寸簽樁叁根

廂墊捌層寬壹丈叁尺伍寸長伍丈折見方每

層長陸丈柒尺伍寸捌層共单長伍拾肆丈

加長叁丈徑柒寸簽樁叁根

每廂墊壹層寬壹丈長壹丈用

秫稭伍拾束每束連運價銀捌厘

雇夫貳名每名工價銀肆分

以上廂墊折見方共单長玖百陸拾捌丈叁尺捌寸用秫

稭肆萬捌千肆百拾玖束該銀叁百捌拾

柒兩叁錢伍分貳厘加長叁丈徑柒寸樁

木貳拾伍根每根連運價銀伍錢伍分

該銀拾叁兩柒錢伍分加長貳丈伍尺徑

陸寸椿木貳拾肆根每根連運價銀肆錢伍分該銀拾兩零捌錢雇夫壹千玖百叁拾陸名半該銀柒拾柒兩肆錢陸分

共用銀肆百捌拾玖兩叁錢陸分貳厘

第拾肆號

第貳拾壹段

廂墊玖層寬壹丈肆尺伍寸長伍丈折見方每層長柒丈貳尺伍寸玖層共单長陸拾伍丈貳尺伍寸

加長叁丈徑柒寸簽椿貳根

第貳拾貳段

廂墊柒層寬壹丈玖尺長伍丈折見方每層長玖丈伍尺柒層共单長陸拾陸丈伍尺

加長叁丈徑柒寸簽椿壹根

加長貳丈伍尺徑陸寸簽椿壹根

第貳拾叁段

廂墊柒層寬壹丈叁尺長叁丈玖尺折見方
每層長伍丈零柒寸柒層共單長叁拾伍
丈肆尺玖寸
加長貳丈伍尺徑陸寸簽樁叁根

第貳拾肆段

廂墊玖層寬壹丈叁尺長肆丈壹尺折見方
每層長伍丈叁尺叁寸玖層共單長肆拾
柒丈玖尺柒寸
加長叁丈徑柒寸簽樁貳根

第貳拾伍段

廂墊玖層寬壹丈貳尺長伍丈折見方每層
長陸丈玖層共單長伍拾肆丈
加長叁丈徑柒寸簽樁貳根
加長貳丈伍尺徑陸寸簽樁壹根

第貳拾陸段

廂墊拾層寬壹丈壹尺長肆丈玖尺折見方

每層長伍丈叁尺玖寸拾層共单長伍拾叁丈玖尺

加長貳丈伍尺徑陸寸簽樁貳根

廂墊捌層寬壹丈壹尺伍寸長伍丈貳尺折見方每層長伍丈玖尺捌寸捌層共单長肆拾柒丈捌尺肆寸

第貳拾柒段

加長貳丈伍尺徑陸寸簽樁貳根

廂墊玖層寬壹丈叁尺長肆丈捌尺折見方每層長陸丈貳尺肆寸玖層共单長伍拾陸丈壹尺陸寸

第貳拾捌段

加長叁丈徑柒寸簽樁貳根

廂墊捌層寬壹丈貳尺長叁丈叁尺折見方每層長叁丈玖尺陸寸捌層共单長叁

第貳拾玖段

拾壹丈陸尺捌寸

第叁拾段

加長叁丈徑柒寸簽樁叁根

廂墊捌層寬壹丈貳尺長叁丈伍尺折見方每層長肆丈貳尺捌層共单長叁拾叁丈陸尺

第叁拾壹段

加長貳丈伍尺徑陸寸簽樁貳根

廂墊拾層寬壹丈壹尺長叁丈肆尺折見方每層長叁丈柒尺肆寸拾層共单長叁拾柒丈肆尺

第叁拾貳段

加長叁丈徑柒寸簽樁貳根

廂墊玖層寬壹丈貳尺長伍丈折見方每層長陸丈玖層共单長伍拾肆丈

加長叁丈徑柒寸簽樁貳根

第叁拾叁段　廂墊拾層寬壹丈貳尺長伍丈壹尺折見方每層長陸丈壹尺貳寸拾層共單長陸拾壹丈貳尺

加長叁丈徑柒寸簽樁貳根

加長貳丈伍尺徑陸寸簽樁壹根

第叁拾肆段　廂墊捌層寬壹丈貳尺長伍丈折見方每層長陸丈

捌層共單長肆拾捌丈

加長貳丈伍尺徑陸寸簽樁貳根

第叁拾伍段　廂墊玖層寬壹丈貳尺長伍丈折見方每層長

陸丈玖層共單長伍拾肆丈

加長貳丈伍尺徑陸寸簽樁貳根

第拾伍號隄長壹百捌拾丈頂寬貳丈底寬柒丈伍尺高捌尺

柒月分

第壹段　廂墊拾層寬壹丈壹尺長伍丈叁尺折見方

每層長伍丈捌尺叁寸拾層共单長伍拾
捌丈叁尺
加長叁丈徑柒寸簽樁貳根

第貳段

廂墊玖層寬壹丈長肆丈折見方每層長
肆丈玖層共单長叁拾陸丈
加長叁丈徑柒寸簽樁貳根

第叁段

廂墊拾層寬壹丈壹尺長叁丈伍尺折見
方每層長叁丈捌尺伍寸拾層共单長叁
拾捌丈伍尺
加長叁丈徑柒寸簽樁貳根

第肆段

廂墊玖層寬壹丈貳尺長伍丈折見方每層
長陸丈玖層共单長伍拾肆丈
加長貳丈伍尺徑陸寸簽樁貳根

第伍段

廂墊拾層寬壹丈貳尺長肆丈折見方每層

長肆丈捌尺拾層共单長肆拾捌丈

加長叁丈徑柒寸簽樁貳根

每廂墊壹層寬壹丈長壹丈用

秫秸伍拾束每束連運價銀捌厘

雇夫貳名每名工價銀肆分

以上廂墊折見方共单長玖百捌拾壹丈柒尺玖寸用秫秸肆萬玖千零捌拾玖束半該銀叁百玖拾貳兩柒錢壹分陸厘加長叁丈徑柒寸樁木貳拾陸根每根連運價銀伍錢伍分該銀拾肆兩叁錢加長貳丈伍尺徑陸寸樁木拾捌根每根連運價銀肆錢伍分該銀捌兩壹錢雇夫壹千玖百

陸拾叁名半該銀柒拾捌兩伍錢肆分
共用銀肆百玖拾叁兩陸錢伍分陸厘

第拾伍號

第陸段

廂墊玖層寬壹丈肆尺長肆丈柒尺折見方每
層長陸丈伍尺捌寸玖層共单長伍拾玖丈
貳尺貳寸
加長叁丈徑柒寸簽樁叁根

第柒段

廂墊玖層寬壹丈貳尺長伍丈折見方每層
長陸丈玖層共单長伍拾肆丈
加長叁丈徑柒寸簽樁貳根

第捌段

廂墊捌層寬壹丈貳尺長肆丈伍尺折每方
每層長伍丈肆尺捌層共单長肆拾叁
丈貳尺

加長叁丈徑柒寸簽樁貳根
加長貳丈伍尺徑陸寸簽樁壹根
廂墊捌層寬壹丈貳尺長肆丈肆尺折見方每
層長伍丈貳尺捌寸捌層共單長肆拾貳
丈貳尺肆寸

第玖段

加長貳丈伍尺徑陸寸簽樁叁根
廂墊玖層寬壹丈貳尺長肆丈伍尺折見方
每層長伍丈肆尺玖層共單長肆拾捌丈
陸尺

第拾段

加長叁丈徑柒寸簽樁叁根
廂墊拾層寬壹丈貳尺長肆丈折見方每
層長肆丈捌尺拾層共單長肆拾捌丈

第拾壹段

加長叁丈徑柒寸簽樁貳根

第拾貳段

廂墊柒層寬壹丈長肆丈貳尺折見方每層長肆丈貳尺柒層共单長貳拾玖丈肆尺

加長貳丈伍尺徑陸寸簽樁貳根

第拾叁段

廂墊捌層寬柒尺長伍丈叁尺折見方每層長叁丈柒尺壹寸捌層共单長貳拾玖丈陸尺捌寸

加長貳丈伍尺徑陸寸簽樁叁根

第拾肆段

廂墊玖層寬壹丈零伍寸長伍丈折見方每層長伍丈貳尺伍寸玖層共单長肆拾柒丈貳尺伍寸

加長貳丈伍尺徑陸寸簽樁貳根

第拾伍段

廂墊玖層寬壹丈貳尺長伍丈伍尺折見方每層長陸丈陸尺玖層共单長伍拾玖丈肆尺

加長叁丈徑柒寸簽樁貳根

加長貳丈伍尺徑陸寸簽樁壹根

第拾陸段

廂墊拾層寬壹丈貳尺長陸丈叁尺折見方每層長柒丈伍尺陸寸拾層共单長柒拾伍丈陸尺

第拾柒段

加長叁丈徑柒寸簽樁叁根

廂墊玖層寬壹丈貳尺長伍丈折見方每層長陸丈玖層共单長伍拾肆丈

加長貳丈伍尺徑陸寸簽樁叁根

第拾捌段

廂墊玖層寬壹丈壹尺長伍丈壹尺折見方每層長伍丈陸尺壹寸玖層共单長伍拾丈零肆尺玖寸

加長叁丈徑柒寸簽樁貳根

第拾玖段

廂墊拾層寬壹丈壹尺長肆丈壹尺折見方每層長肆丈伍尺壹寸拾層共单長

肆拾伍丈壹尺

第貳拾段

加長貳丈伍尺徑陸寸簽樁叁根

廂墊捌層寬壹丈長陸丈柒尺折見方每層長陸丈柒尺捌層共单長伍拾叁丈陸尺

第貳拾壹段

加長叁丈徑柒寸簽樁叁根

廂墊玖層寬玖尺長陸丈折見方每層長伍丈肆尺玖層共单長肆拾捌丈陸尺

第貳拾貳段

加長叁丈徑柒寸簽樁叁根

廂墊捌層寬壹丈壹尺長伍丈肆尺折見方每層長伍丈玖尺肆寸捌層共单長肆拾柒丈伍尺貳寸

第貳拾叁段

加長貳丈伍尺徑陸寸簽樁貳根

廂墊玖層寬壹丈壹尺長貳丈陸尺折見方

每層長貳丈捌尺陸寸玖層共单長貳拾伍丈柒尺肆寸

第貳拾肆段

加長貳丈伍尺徑陸寸簽樁壹根

廂墊拾層寬壹丈壹尺長貳丈柒尺折見方每層長貳丈玖尺柒寸拾層共单長貳拾玖丈柒尺

第貳拾伍段

加長貳丈伍尺徑陸寸簽樁貳根

廂墊拾層寬壹丈壹尺長肆丈玖尺折見方每層長伍丈叁尺玖寸拾層共单長伍拾叁丈玖尺

加長叁丈徑柒寸簽樁貳根

每廂墊壹層寬壹丈長壹丈用秫秸伍拾束每束連運價銀捌厘

雇夫貳名每名工價銀肆分

以上廂墊折見方共单長玖百肆拾伍丈貳尺肆寸用秫秸肆萬柒千貳百陸拾貳束該銀叁百柒拾捌兩零玖分陸厘加長叁丈徑柒寸椿木貳拾柒根每根連運價銀伍錢伍分該銀拾肆兩捌錢伍分加長貳丈伍尺徑陸寸椿木貳拾叁根每根連運價銀肆錢伍分該銀拾兩零叁錢伍分雇夫壹千捌百玖拾名該銀柒拾伍兩陸錢

共用銀肆百柒拾捌兩捌錢玖分陸厘

第拾伍號

第貳拾陸段

廂墊拾層寬壹丈貳尺長伍丈折見方每層長陸丈拾層共单長陸拾丈

加長貳丈伍尺徑陸寸簽椿叁根

第貳拾柒段

廂墊玖層寬壹丈貳尺長陸丈折見方每層長柒丈貳尺玖層共单長陸拾肆丈捌尺

加長叁丈徑柒寸簽樁壹根

第貳拾捌段

加長貳丈伍尺徑陸寸簽樁貳根

廂墊拾層寬壹丈陸尺伍寸長伍丈壹尺折見方每層長捌丈肆尺壹寸伍分拾層共单長捌拾肆丈壹尺伍寸

第貳拾玖段

加長叁丈徑柒寸簽樁叁根

廂墊玖層寬壹丈壹尺伍寸長肆丈捌尺折見方每層長伍丈伍尺貳寸玖層共单長肆拾玖丈陸尺捌寸

第叁拾段

加長貳丈伍尺徑陸寸簽樁叁根

廂墊拾壹層寬壹丈壹尺伍寸長伍丈貳尺折

見方每層長伍丈玖尺捌寸拾壹層共单長陸拾伍丈柒尺捌寸

加長叁丈徑柒寸簽樁貳根

第叁拾壹段

廂墊玖層寬壹丈貳尺長伍丈叁尺折見方每層長陸丈叁尺陸寸玖層共单長伍拾柒丈貳尺肆寸

加長叁丈徑柒寸簽樁貳根

第叁拾貳段

廂墊捌層寬壹丈壹尺伍寸長叁丈玖尺折見方每層長肆丈肆尺捌寸伍分捌層共单長叁拾伍丈捌尺捌寸

加長貳丈伍尺徑陸寸簽樁貳根

第叁拾叁段

廂墊拾層寬壹丈壹尺長肆丈折見方每層長肆丈肆尺拾層共单長肆拾肆丈

第叁拾肆段

加長貳丈伍尺徑陸寸簽樁叁根

廂墊玖層寬壹丈壹尺長肆丈折見方每層

長肆丈肆尺玖層共单長叁拾玖丈陸尺

第叁拾伍段

加長叁丈徑柒寸簽樁貳根

廂墊捌層寬壹丈壹尺長肆丈折見方每層長

肆丈肆尺捌層共单長叁拾伍丈貳尺

加長貳丈伍尺徑陸寸簽樁貳根

每廂墊壹層寬壹丈長壹丈用

秫秸伍拾束每束連運價銀捌厘

雇夫貳名每名工價銀肆分

以上廂墊折見方共单長伍百叁拾陸丈叁尺

叁寸用秫秸貳萬陸千捌百拾陸束半該

銀貳百壹拾肆兩伍錢叁分貳厘加長叁

大徑柒寸樁木拾根每根連運價銀伍錢伍分該銀伍兩伍錢加長貳大伍尺徑陸寸樁木拾伍根每根連運價銀肆錢伍分該銀陸兩柒錢伍分雇夫壹千零柒拾貳名半該銀肆拾貳兩玖錢

共用銀貳百陸拾玖兩陸錢捌分貳厘

以上肆案搶修廂埽工程併加簽樁共用銀壹千柒百叁拾壹兩伍錢玖分陸厘查南岸上下頭貳叁工採辦秫秸

奏准每束加添運腳銀貳厘伍毫該工計用秫秸拾柒萬壹千伍百捌拾柒束用運腳銀肆百貳拾捌兩玖錢陸分柒厘伍毫

南岸頭工下汛宛平縣縣丞

一領銀壹千玖百零柒兩捌錢叁分

又領加添秫秸運脚銀肆百柒拾兩零柒分壹厘捌毫柒絲伍忽

第玖號隄長壹百捌拾丈頂寬叁丈底寬捌丈高壹丈

陸月分

第壹段

廂墊陸層寬壹丈玖尺長伍丈折見方每層長玖丈伍尺陸層共单長伍拾柒丈

加長叁丈徑柒寸簽樁叁根

第貳段

廂墊陸層寬壹丈玖尺長伍丈折見方每層長玖丈伍尺陸層共单長伍拾柒丈

加長貳丈伍尺徑陸寸簽樁叁根

第叁段

廂墊陸層寬壹丈捌尺長伍丈折見方每層長玖丈陸層共单長伍拾肆丈

加長叁丈徑柒寸簽樁貳根

加長貳丈伍尺徑陸寸簽樁壹根

第肆段

廂墊陸層寬壹丈捌尺長伍丈壹尺折見方每層長玖丈壹尺捌寸陸層共单長伍拾伍丈零捌寸

加長叁丈徑柒寸簽樁叁根

第伍段

廂墊柒層寬壹丈捌尺長伍丈壹尺折見方每層長玖丈壹尺捌寸柒層共单長陸拾肆丈貳尺陸寸

加長叁丈徑柒寸簽樁叁根

第陸段

廂墊捌層寬壹丈陸尺伍寸長伍丈折見方每層長捌丈貳尺伍寸捌層共单長陸拾陸丈

加長叁丈徑柒寸簽樁叁根

第柒段

廂墊陸層寬壹丈陸尺長伍丈折見方每層

長捌丈陸層共单長肆拾捌丈

加長貳丈伍尺徑陸寸簽樁叁根

第捌段

廂墊柒層寬壹丈陸尺伍寸長伍丈折見方每
層長捌丈貳尺伍寸柒層共单長伍拾柒丈柒尺伍寸

加長叁丈徑柒寸簽樁壹根

加長貳丈伍尺徑陸寸簽樁貳根

第玖段

廂墊柒層寬壹丈伍尺伍寸長伍丈折見方每層
長柒丈柒尺伍寸柒層共单長伍拾肆丈貳尺伍寸

加長貳丈伍尺徑陸寸簽樁叁根

第拾段

廂墊陸層寬壹丈叁尺長伍丈折見方每層長
陸丈伍尺陸層共单長叁拾玖丈

加長貳丈伍尺徑陸寸簽樁叁根

第拾壹段

廂墊陸層寬壹丈叁尺長伍丈折見方每層長

陸丈伍尺陸層共單長叁拾玖丈

加長叁丈徑柒寸簽樁貳根

第拾貳段

廂墊柒層寬壹丈貳尺伍寸長伍丈折見方每層長陸丈貳尺伍寸柒層共單長肆拾叁丈柒尺伍寸

加長叁丈徑柒寸簽樁叁根

第拾叁段

廂墊陸層寬壹丈貳尺伍寸長伍丈折見方每層長陸丈貳尺伍寸陸層共單長叁拾柒丈伍尺

加長貳丈伍尺徑陸寸簽樁貳根

第拾肆段

廂墊陸層寬壹丈叁尺長伍丈折見方每層長陸丈伍尺陸層共單長叁拾玖丈

加長叁丈徑柒寸簽樁貳根

第拾伍段

廂墊柒層寬壹丈貳尺長肆丈陸尺折見方每

層長伍丈伍尺貳寸柒層共單長叁拾捌丈陸
尺肆寸
加長貳丈伍尺徑陸寸簽樁叁根

第拾陸段

廂墊陸層寬壹丈壹尺長伍丈折見方每層長
伍丈伍尺陸層共單長叁拾叁丈
加長貳丈伍尺徑陸寸簽樁叁根

第拾柒段

廂墊柒層寬壹丈壹尺長伍丈折見方每層長
伍丈伍尺柒層共單長叁拾捌丈伍尺
加長叁丈徑柒寸簽樁貳根

第拾捌段

廂墊陸層寬壹丈壹尺長伍丈折見方每層長
伍丈伍尺陸層共單長叁拾叁丈
加長貳丈伍尺徑陸寸簽樁叁根

第拾玖段

廂墊陸層寬壹丈壹尺長伍丈折見方每層長

第貳拾段

伍丈伍尺陸層共單長叁拾叁丈
加長貳丈伍尺徑陸寸簽樁貳根
廂墊柒層寬壹丈壹尺長伍丈折見方每層長
伍丈伍尺柒層共單長叁拾捌丈伍尺
加長叁丈徑柒寸簽樁貳根
每廂墊壹層寬壹丈長壹丈用
秫秸伍拾束每束連運價銀捌厘
雇夫貳名每名工價銀肆分
以上廂墊折見方共單長玖百貳拾陸丈貳尺
叁寸用秫秸肆萬陸千叁百拾壹束半該
銀叁百柒拾兩零肆錢玖分貳厘加長叁
丈徑柒寸樁木貳拾陸根每根連運價
銀伍錢伍分該銀拾肆兩叁錢加長貳丈

伍尺徑陸寸椿木貳拾捌根每根連運價
銀肆錢伍分該銀拾貳兩陸錢雇夫壹千
捌百伍拾貳名該銀柒拾肆兩零捌分
共用銀肆百柒拾壹兩肆錢柒分貳厘

第玖號

第貳拾壹段

廂墊柒層寬壹丈叁尺伍寸長伍丈折見方
每層長陸丈柒尺伍寸柒層共單長肆拾
柒丈貳尺伍寸
加長貳丈伍尺徑陸寸簽椿叁根

第貳拾貳段

廂墊陸層寬壹丈叁尺長伍丈折見方每
層長陸丈伍尺陸層共單長叁拾玖丈
加長叁丈徑柒寸簽椿貳根

第貳拾叁段

廂墊陸層寬壹丈叁尺長伍丈折見方每

層長陸丈伍尺陸層共单長叁拾玖丈

第貳拾肆段

加長叁丈徑柒寸簽樁壹根
加長貳丈伍尺徑陸寸簽樁壹根
廂墊柒層寬壹丈貳尺長伍丈折見方每層
長陸丈柒層共单長肆拾貳丈

第貳拾伍段

加長叁丈徑柒寸簽樁貳根
廂墊陸層寬壹丈貳尺長伍丈折見方每層
長陸丈陸層共单長叁拾陸丈

第貳拾陸段

加長貳丈伍尺徑陸寸簽樁貳根
廂墊柒層寬壹丈貳尺長伍丈折見方每層長
陸丈柒層共单長肆拾貳丈

第貳拾柒段

加長叁丈徑柒寸簽樁貳根
廂墊柒層寬壹丈叁尺長伍丈折見方每層

長陸丈伍尺柒層共单長肆拾伍丈伍尺

加長貳丈伍尺徑陸寸簽樁叁根

第貳拾捌段

廂墊陸層寛壹丈叁尺長伍丈折見方每層長

陸丈伍尺陸層共单長叁拾玖丈

加長叁丈徑柒寸簽樁貳根

第貳拾玖段

廂墊陸層寛壹丈叁尺長伍丈折見方每層

長陸丈伍尺陸層共单長叁拾玖丈

加長貳丈伍尺徑陸寸簽樁貳根

第叁拾段

廂墊柒層寛壹丈叁尺長伍丈折見方每

層長陸丈伍尺柒層共单長肆拾伍丈

伍尺

加長叁丈徑柒寸簽樁貳根

第叁拾壹段

廂墊柒層寛壹丈叁尺長伍丈折見方每層

長陸丈伍尺柒層共单長肆拾伍丈伍尺
加長叁丈徑柒寸簽樁貳根

第叁拾貳段

廂墊陸層寬壹丈叁尺長伍丈折見方每層
長陸丈伍尺陸層共单長叁拾玖丈
加長貳丈伍尺徑陸寸簽樁貳根

第叁拾叁段

廂墊陸層寬壹丈叁尺長伍丈折見方每層
長陸丈伍尺陸層共单長叁拾玖丈
加長叁丈徑柒寸簽樁壹根
加長貳丈伍尺徑陸寸簽樁壹根

第叁拾肆段

廂墊柒層寬壹丈叁尺伍寸長伍丈折見方每
層長陸丈柒尺伍寸柒層共单長肆拾柒
丈貳尺伍寸
加長貳丈伍尺徑陸寸簽樁叁根

第叁拾伍段

廂墊捌層寬壹丈壹尺長伍丈折見方每層長伍丈伍尺捌層共单長肆拾肆丈

加長叁丈徑柒寸簽樁叁根

第叁拾陸段

廂墊陸層寬壹丈叁尺長肆丈陸尺折見方每層長伍丈玖尺捌寸陸層共单長叁拾伍丈捌尺捌寸

加長貳丈伍尺徑陸寸簽樁貳根

第拾號隄長壹百捌拾丈頂寬叁丈底寬玖丈高壹丈

第壹段

廂墊柒層寬壹丈壹尺長伍丈折見方每層長伍丈伍尺柒層共单長叁拾捌丈伍尺

加長叁丈徑柒寸簽樁貳根

第貳段

廂墊陸層寬壹丈壹尺長伍丈折見方每

層長伍丈伍尺陸層共單長叁拾叁丈
加長叁丈徑柒寸簽樁壹根
加長貳丈伍尺徑陸寸簽樁壹根

第叁段

廂墊捌層寬壹丈壹尺長伍丈折見方每層
長伍丈伍尺捌層共單長肆拾肆丈
加長叁丈徑柒寸簽樁叁根

第肆段

廂墊陸層寬壹丈壹尺長伍丈折見方每
層長伍丈伍尺陸層共單長叁拾叁丈
加長貳丈伍尺徑陸寸簽樁貳根

第伍段

廂墊陸層寬壹丈壹尺長伍丈折見方每
層長伍丈伍尺陸層共單長叁拾叁丈
加長叁丈徑柒寸簽樁貳根

第陸段

廂墊柒層寬壹丈叁尺伍寸長伍丈折見方

第柒段

每層長陸丈柒尺伍寸柒層共単長肆拾
柒丈貳尺伍寸
加長叁丈徑柒寸簽樁叁根
廂墊陸層寬壹丈叁尺長伍丈折見方每
層長陸丈伍尺陸層共単長叁拾玖丈
加長貳丈伍尺徑陸寸簽樁貳根
每廂墊壹層寬壹丈長壹丈用
秫秸伍拾束每束連運價銀捌厘
雇夫貳名每名工價銀肆分
以上廂墊折見方共単長玖百叁拾貳丈陸尺
叁寸用秫秸肆萬陸千陸百叁拾壹束
半該銀叁百柒拾叁兩零伍分貳厘加
長叁丈徑柒寸樁木貳拾捌根每根連

運價銀伍錢伍分該銀拾伍兩肆錢加長
貳丈伍尺徑陸寸椿木貳拾肆根每根連
運價銀肆錢伍分該銀拾兩零捌錢雇
夫壹千捌百陸拾伍名該銀柒拾肆兩
陸錢
共用銀肆百柒拾叁兩捌錢伍分貳厘

第拾號

第捌段

廂墊陸層寬壹丈叁尺長伍丈折見方每
層長陸丈伍尺陸層共單長叁拾玖丈
加長貳丈伍尺徑陸寸簽椿貳根

第玖段

廂墊柒層寬壹丈叁尺長伍丈折見方每
層長陸丈伍尺柒層共單長肆拾伍丈伍尺
加長叁丈徑柒寸簽椿叁根

第拾段

廂墊柒層寬壹丈叁尺長伍丈折見方每
層長陸丈伍尺柒層共单長肆拾伍丈伍尺
加長貳丈伍尺徑陸寸簽樁叁根

第拾壹段

廂墊陸層寬壹丈叁尺長伍丈折見方每層
長陸丈伍尺陸層共单長叁拾玖丈
加長貳丈伍尺徑陸寸簽樁貳根

第拾貳段

廂墊柒層寬壹丈叁尺長伍丈折見方每層
長陸丈伍尺柒層共单長肆拾伍丈伍尺
加長叁丈徑柒寸簽樁壹根
加長貳丈伍尺徑陸寸簽樁貳根

第拾叁段

廂墊柒層寬壹丈叁尺長伍丈折見方每
層長陸丈伍尺柒層共单長肆拾伍丈伍尺
加長叁丈徑柒寸簽樁貳根

第拾肆段

廂墊陸層寬壹丈叁尺長伍丈折見方每
層長陸丈伍尺陸層共単長叁拾玖丈
加長貳丈伍尺徑陸寸簽樁貳根

第拾伍段

廂墊陸層寬壹丈叁尺長伍丈折見方每
層長陸丈伍尺陸層共単長叁拾玖丈
加長貳丈伍尺徑陸寸簽樁貳根

第拾陸段

廂墊柒層寬壹丈叁尺長伍丈折見方每層
長陸丈伍尺柒層共単長肆拾伍丈伍尺
加長叁丈徑柒寸簽樁貳根

第拾柒段

廂墊陸層寬壹丈叁尺長伍丈折見方每層
長陸丈伍尺陸層共単長叁拾玖丈
加長貳丈伍尺徑陸寸簽樁貳根

第拾捌段

廂墊陸層寬壹丈叁尺長伍丈折見方每

層長陸丈伍尺陸層共单長叁拾玖丈

加長叁丈徑柒寸簽樁貳根

第拾玖段

廂墊陸層寬壹丈叁尺長伍丈折見方每

層長陸丈伍尺陸層共单長叁拾玖丈

加長貳丈伍尺徑陸寸簽樁貳根

第貳拾段

廂墊柒層寬壹丈叁尺長伍丈折見方每層

長陸丈伍尺柒層共单長肆拾伍丈伍尺

加長貳丈伍尺徑陸寸簽樁叁根

第貳拾壹段

廂墊陸層寬壹丈叁尺長伍丈折見方每層

長陸丈伍尺陸層共单長叁拾玖丈

加長貳丈伍尺徑陸寸簽樁貳根

第貳拾貳段

廂墊柒層寬壹丈叁尺長伍丈折見方每

層長陸丈伍尺柒層共单長肆拾伍丈伍尺

第貳拾叁段

加長叁丈徑柒寸簽樁壹根
加長貳丈伍尺徑陸寸簽樁壹根
廂墊陸層寬壹丈叁尺伍寸長伍丈折見方每層長陸丈柒尺伍寸陸層共单長肆拾丈零伍尺

第貳拾肆段

加長叁丈徑柒寸簽樁貳根
廂墊陸層寬壹丈叁尺長伍丈折見方每層長陸丈伍尺陸層共单長叁拾玖丈

第貳拾伍段

加長貳丈伍尺徑陸寸簽樁貳根
廂墊陸層寬壹丈叁尺長伍丈折見方每層長陸丈伍尺陸層共单長叁拾玖丈

第貳拾陸段

加長叁丈徑柒寸簽樁貳根
廂墊柒層寬壹丈貳尺長伍丈折見方每

層長陸丈柒層共单長肆拾貳丈
加長叁丈徑柒寸簽椿貳根

第貳拾柒段

廂墊捌層寬壹丈貳尺長伍丈折見方每層
長陸丈捌層共单長肆拾捌丈
加長叁丈徑柒寸簽椿壹根
加長貳丈伍尺徑陸寸簽椿貳根

第貳拾捌段

廂墊柒層寬壹丈叁尺長伍丈折見方每
層長陸丈伍尺柒層共单長肆拾伍丈伍尺
加長叁丈徑柒寸簽椿貳根

第貳拾玖段

廂墊陸層寬壹丈叁尺長伍丈折見方
每層長陸丈伍尺陸層共单長叁拾玖丈
加長貳丈伍尺徑陸寸簽椿貳根

第叁拾段

廂墊陸層寬壹丈叁尺長伍丈折見方每

層長陸丈伍尺陸層共单長叁拾玖丈
加長叁丈徑柒寸簽椿壹根
每廂墊壹層寬壹丈長壹丈用
秫秸伍拾束每束連運價銀捌厘
雇夫貳名每名工價銀肆分
以上廂墊折見方共单長玖百陸拾貳丈伍尺
用秫秸肆萬捌千壹百貳拾伍束該銀叁
百捌拾伍兩加長叁丈徑柒寸椿木貳拾壹
根每根連運價銀伍錢伍分該銀拾壹
兩伍錢伍分加長貳丈伍尺徑陸寸椿木
貳拾玖根每根連運價銀肆錢伍分該
銀拾叁兩零伍分雇夫壹千玖百貳拾
伍名該銀柒拾柒兩

共用銀肆百捌拾陸兩陸錢

第拾號

第叁拾壹段

廂墊陸層寬壹丈叁尺長伍丈折見方每
層長陸丈伍尺陸層共单長叁拾玖丈
加長貳丈伍尺徑陸寸簽樁貳根

第叁拾貳段

廂墊柒層寬壹丈貳尺長伍丈折見方每層
長陸丈柒層共单長肆拾貳丈
加長叁丈徑柒寸簽樁叁根

第叁拾叁段

廂墊陸層寬壹丈貳尺長伍丈折見方每層
長陸丈陸層共单長叁拾陸丈
加長貳丈伍尺徑陸寸簽樁貳根

第叁拾肆段

廂墊陸層寬壹丈壹尺長伍丈折見方每
層長伍丈伍尺陸層共单長叁拾叁丈

加長貳丈伍尺徑陸寸簽樁貳根

第叁拾伍段

廂墊柒層寬壹丈壹尺長伍丈折見方每層長伍丈伍尺柒層共单長叁拾捌丈伍尺

加長叁丈徑柒寸簽樁貳根

第叁拾陸段

廂墊柒層寬壹丈壹尺長叁丈柒尺折見方每層長肆丈零柒寸柒層共单長貳拾捌丈肆尺玖寸

加長叁丈徑柒寸簽樁貳根

第拾壹號隄長壹百捌拾丈頂寬叁丈貳尺底寬玖丈高壹丈

第壹段

廂墊陸層寬壹丈叁尺長叁丈折見方每層長叁丈玖尺陸層共单長貳拾叁丈肆尺

加長叁丈徑柒寸簽樁貳根

第貳段

廂墊柒層寬壹丈肆尺長柒丈折見方每

層長玖丈捌尺柒層共単長陸拾捌丈陸尺

加長叁丈徑柒寸簽樁叁根

第叁段

廂墊陸層寬壹丈肆尺長伍丈折見方每層

長柒丈陸層共単長肆拾貳丈

加長貳丈伍尺徑陸寸簽樁叁根

第肆段

廂墊陸層寬壹丈叁尺長伍丈折見方每層

長陸丈伍尺陸層共単長叁拾玖丈

加長貳丈伍尺徑陸寸簽樁貳根

第伍段

廂墊柒層寬壹丈叁尺長伍丈折見方每層

長陸丈伍尺柒層共単長肆拾伍丈伍尺

加長叁丈徑柒寸簽樁叁根

第陸段

廂墊陸層寬壹丈貳尺長伍丈折見方每層

長陸丈陸層共単長叁拾陸丈

第柒段

加長貳丈伍尺徑陸寸簽樁貳根
廂墊陸層寬壹丈玖尺長伍丈伍尺折見
方每層長拾丈肆尺伍寸陸層共单長
陸拾貳丈柒尺
加長叁丈徑柒寸簽樁貳根

第捌段

加長貳丈伍尺徑陸寸簽樁壹根
廂墊捌層寬壹丈玖尺長伍丈伍尺折見方
每層長拾丈肆尺伍寸捌層共单長捌拾
叁丈陸尺
加長叁丈徑柒寸簽樁叁根

第玖段

廂墊陸層寬壹丈柒尺伍寸長伍丈伍尺
折見方每層長玖丈陸尺貳寸伍分陸層
共单長伍拾柒丈柒尺伍寸

第拾段

加長叁丈徑柒寸簽樁叁根

廂墊陸層寬壹丈柒尺伍寸長伍丈伍尺折見方每層長玖丈陸尺貳寸伍分陸層共單長伍拾柒丈柒尺伍寸

第拾壹段

加長貳丈伍尺徑陸寸簽樁叁根

廂墊柒層寬壹丈柒尺伍寸長伍丈折見方每層長捌丈柒尺伍寸柒層共單長陸拾壹丈貳尺伍寸

加長叁丈徑柒寸簽樁貳根

第拾貳段

廂墊陸層寬壹丈柒尺伍寸長伍丈叁尺折見方每層長玖丈貳尺柒寸伍分陸層共單長伍拾伍丈陸尺伍寸

加長貳丈伍尺徑陸寸簽樁叁根

第拾叁段

廂墊柒層寬玖尺伍寸長肆丈伍尺折見方

每層長肆丈貳尺柒寸伍分柒層共單長

貳拾玖丈玖尺貳寸伍分

加長叁丈徑柒寸簽樁壹根

第拾肆段

廂墊柒層寬壹丈零伍寸長肆丈折見方每

層長肆丈貳尺柒層共單長貳拾玖丈肆尺

加長貳丈伍尺徑陸寸簽樁貳根

第拾伍段

廂墊陸層寬壹丈壹尺長肆丈伍尺折見

方每層長肆丈玖尺伍寸陸層共單長貳

拾玖丈柒尺

加長貳丈伍尺徑陸寸簽樁貳根

每廂墊壹層寬壹丈長壹丈用

秫秸伍拾束每束連運價銀捌厘

雇夫貳名每名工價銀肆分
以上廂墊折見方共單長玖百叁拾玖丈貳
尺壹寸伍分用秫秸肆萬陸千玖百陸
拾束零柒分伍厘該銀叁百柒拾伍兩
陸錢捌分陸厘加長叁丈徑柒寸樁木
貳拾陸根每根連運價銀伍錢伍分該
銀拾肆兩叁錢加長貳丈伍尺徑陸寸
樁木貳拾肆根每根連運價銀肆錢
伍分該銀拾兩零捌錢雇夫壹千捌
百柒拾捌名該銀柒拾伍兩壹錢貳分
共用銀肆百柒拾伍兩玖錢零陸厘
以上肆案搶修廂墊工程併加簽樁共用銀
壹千玖百零柒兩捌錢叁分 查南岸上

下頭貳叁工採辦秫秸

奏准每束加添運脚銀貳厘伍毫該工計
用秫秸拾捌萬捌千零貳拾捌束柒分伍
厘用運脚銀肆百柒拾兩零零柒分壹厘
捌毫柒絲伍忽

南岸貳工良鄉縣縣丞

一領銀肆千零伍拾捌兩叁錢貳分

又領加添秫秸運脚銀玖百玖拾柒兩叁錢叁分柒厘伍毫

第柒號隄長壹百捌拾丈頂寬貳丈伍尺底寬柒丈高捌尺

陸月分

第壹段

廂墊玖層寬壹丈長伍丈叁尺折見方每層
長伍丈叁尺玖層共單長肆拾柒丈柒尺

加長叁丈徑柒寸簽樁叁根

第貳段

廂墊捌層寬壹丈貳尺長伍丈折見方每層

長陸丈捌層共单長肆拾捌丈
加長叁丈徑柒寸簽樁叁根

第叁段

廂埽柒層寬壹丈長伍丈壹尺折見方每層
長伍丈壹尺柒層共单長叁拾伍丈柒尺
加長貳丈伍尺徑陸寸簽樁叁根

第肆段

廂埽拾層寬玖尺長伍丈折見方每層長肆
丈伍尺拾層共单長肆拾伍丈
加長叁丈徑柒寸簽樁貳根
加長貳丈伍尺徑陸寸簽樁壹根

第伍段

廂埽捌層寬壹丈壹尺長伍丈折見方每
層長伍丈伍尺捌層共单長肆拾肆丈
加長貳丈伍尺徑陸寸簽樁叁根

第陸段

廂埽捌層寬壹丈叁尺長伍丈伍尺折見

方每層長柒丈壹尺伍寸捌層共單長
伍拾柒丈貳尺

第柒段

加長叁丈徑柒寸簽樁貳根
廂墊柒層寬壹丈貳尺長伍丈伍尺折見方
每層長陸丈陸尺柒層共單長肆拾陸
丈貳尺

第捌段

加長貳丈伍尺徑陸寸簽樁貳根
廂墊玖層寬壹丈貳尺長陸丈折見方每層
長柒丈貳尺玖層共單長陸拾肆丈捌尺

第玖段

加長叁丈徑柒寸簽樁叁根
廂墊捌層寬壹丈貳尺伍寸長肆丈貳尺折
見方每層長伍丈貳尺伍寸捌層共單
長肆拾貳丈

加長叁丈徑柒寸簽樁貳根

第拾段

廂墊陸層寬壹丈貳尺長肆丈伍尺折見方每層長伍丈肆尺陸層共单長叁拾貳丈肆尺

加長貳丈伍尺徑陸寸簽樁貳根

第拾壹段

廂墊捌層寬壹丈壹尺長肆丈折見方每層長肆丈肆尺捌層共单長叁拾伍丈貳尺

加長貳丈伍尺徑陸寸簽樁貳根

第拾貳段

廂墊陸層寬壹丈壹尺伍寸長伍丈折見方每層長伍丈柒尺伍寸陸層共单長叁拾肆丈伍尺

加長貳丈伍尺徑陸寸簽樁貳根

第拾叁段

廂墊捌層寬壹丈貳尺長伍丈折見方每層
長陸丈捌層共單長肆拾捌丈
加長叁丈徑柒寸簽樁叁根

第拾肆段

廂墊柒層寬壹丈貳尺長伍丈折見方每層
長陸丈柒層共單長肆拾貳丈
加長貳丈伍尺徑陸寸簽樁叁根

第拾伍段

廂墊玖層寬壹丈貳尺長伍丈折見方每層
長陸丈玖層共單長伍拾肆丈
加長叁丈徑柒寸簽樁叁根

第拾陸段

廂墊柒層寬壹丈貳尺長伍丈折見方每層
長陸丈柒層共單長肆拾貳丈
加長叁丈徑柒寸簽樁壹根
加長貳丈伍尺徑陸寸簽樁貳根

第拾柒段

廂墊柒層寬壹丈貳尺長伍丈折見方每層
長陸丈柒層共单長肆拾貳丈
加長貳丈伍尺徑陸寸簽樁叁根

第拾捌段

廂墊陸層寬壹丈貳尺長伍丈折見方每
層長陸丈陸層共单長叁拾陸丈
加長貳丈伍尺徑陸寸簽樁貳根

第拾玖段

廂墊柒層寬壹丈貳尺長伍丈折見方每層長
陸丈柒層共单長肆拾貳丈
加長叁丈徑柒寸簽樁貳根

第貳拾段

廂墊陸層寬壹丈貳尺長伍丈折見方每
層長陸丈陸層共单長叁拾陸丈
加長貳丈伍尺徑陸寸簽樁貳根

第貳拾壹段

廂墊陸層寬壹丈貳尺長伍丈折見方每

層長陸丈陸層共单長叁拾陸丈
加長貳丈伍尺徑陸寸簽椿貳根
每廂墊壹層寬壹丈長壹丈用
秫秸伍拾束每束連運價銀捌厘
雇夫貳名每名工價銀肆分
以上廂墊折見方共单長玖百拾丈零柒尺用
秫秸肆萬伍千伍百叁拾伍束該銀叁
百陸拾肆兩貳錢捌分加長叁丈徑柒寸
椿木貳拾肆根每根連運價銀伍錢伍
分該銀拾叁兩貳錢加長貳丈伍尺徑陸
寸椿木貳拾玖根每根連運價銀肆
錢伍分該銀拾叁兩零伍分雇夫壹千
捌百貳拾壹名該銀柒拾貳兩捌錢肆分

共用銀肆百陸拾叁兩叁錢柒分

第柒號

第貳拾貳段　廂墊捌層寬壹丈貳尺長伍丈折見方每層

長陸丈捌層共單長肆拾捌丈

加長叁丈徑柒寸簽樁叁根

第貳拾叁段　廂墊陸層寬壹丈貳尺長伍丈折見方每

層長陸丈陸層共單長叁拾陸丈

加長貳丈伍尺徑陸寸簽樁貳根

第貳拾肆段　廂墊捌層寬壹丈貳尺長伍丈折見方每

層長陸丈捌層共單長肆拾捌丈

加長叁丈徑柒寸簽樁叁根

第貳拾伍段　廂墊柒層寬壹丈貳尺長伍丈折見方每

層長陸丈柒層共單長肆拾貳丈

加長叁丈徑柒寸簽樁貳根

加長貳丈伍尺徑陸寸簽樁壹根

第貳拾陸段

廂墊陸層寬壹丈貳尺長伍丈折見方每層

長陸丈陸層共单長叁拾陸丈

加長貳丈伍尺徑陸寸簽樁貳根

第貳拾柒段

廂墊陸層寬壹丈貳尺長伍丈折見方每層

長陸丈陸層共单長叁拾陸丈

加長貳丈伍尺徑陸寸簽樁貳根

第貳拾捌段

廂墊陸層寬壹丈貳尺長伍丈折見方每

層長陸丈陸層共单長叁拾陸丈

加長叁丈徑柒寸簽樁貳根

第貳拾玖段

廂墊柒層寬壹丈貳尺長伍丈折見方每

層長陸丈柒層共单長肆拾貳丈

加長貳丈伍尺徑陸寸簽樁叁根

第叁拾段

廂墊捌層寬壹丈貳尺長伍丈折見方每
層長陸丈捌層共单長肆拾捌丈
加長叁丈徑柒寸簽樁叁根

第叁壹段

廂墊柒層寬壹丈貳尺長伍丈折見方每
層長陸丈柒層单長肆拾貳丈
加長貳丈伍尺徑陸寸簽樁叁根

第叁拾貳段

廂墊陸層寬壹丈貳尺長伍丈折見方每
層長陸丈陸層共单長叁拾陸丈
加長貳丈伍尺徑陸寸簽樁貳根

第叁拾叁段

廂墊玖層寬壹丈貳尺長伍丈折見方每
層長陸丈玖層共单長伍拾肆丈
加長叁丈徑柒寸簽樁叁根

第叁拾肆段

廂墊柒層寬壹丈貳尺長伍丈折見方每層

長陸丈柒層共单長肆拾貳丈

加長叁丈徑柒寸簽樁貳根

第捌號隄長壹百捌拾丈頂寬貳丈伍尺底寬柒丈高捌尺

柒月分

第壹段

廂墊捌層寬壹丈貳尺長伍丈折見方每層

長陸丈捌層共单長肆拾捌丈

加長叁丈徑柒寸簽樁叁根

第貳段

廂墊陸層寬壹丈貳尺長伍丈折見方每

層長陸丈陸層共单長叁拾陸丈

加長貳丈伍尺徑陸寸簽樁貳根

第叁段

廂墊陸層寬壹丈貳尺長伍丈折見方每層

長陸丈陸層共单長叁拾陸丈

加長貳丈伍尺徑陸寸簽樁貳根

第肆段　廂墊柒層寬壹丈貳尺長伍丈折見方每層
長陸丈柒層共单長肆拾貳丈
加長叁丈徑柒寸簽樁貳根

第伍段　廂墊捌層寬壹丈貳尺長伍丈折見方每層
長陸丈捌層共单長肆拾捌丈
加長叁丈徑柒寸簽樁叁根

第陸段　廂墊柒層寬壹丈貳尺長伍丈折見方每
層長陸丈柒層共单長肆拾貳丈
加長貳丈伍尺徑陸寸簽樁叁根

第柒段　廂墊陸層寬壹丈貳尺長伍丈折見方每層
長陸丈陸層共单長叁拾陸丈
加長貳丈伍尺徑陸寸簽樁貳根

第捌段　廂墊柒層寬壹丈貳尺長伍丈折見方每

層長陸丈柒層共单長肆拾貳丈
加長叁丈徑柒寸簽椿貳根

第玖段

廂墊捌層寬壹丈貳尺長伍丈折見方每層
長陸丈捌層共单長肆拾捌丈
加長叁丈徑柒寸簽椿叁根
每廂墊壹層寬壹丈長壹丈用
秫秸伍拾束每束連運價銀捌厘
雇夫貳名每名工價銀肆分
以上廂墊折見方共单長玖百貳拾肆丈用
秫秸肆萬陸千貳百束該銀叁百陸拾
玖兩陸錢加長叁丈徑柒寸椿木叁拾壹
根每根連運價銀伍錢伍分該銀拾柒兩
零伍分加長貳丈伍尺徑陸寸椿木貳拾肆

根每根連運價銀肆錢伍分該銀拾兩零
捌錢雇夫壹千捌百肆拾捌名該銀柒拾
叁兩玖錢貳分
共用銀肆百柒拾壹兩叁錢柒分

第捌號

第拾段

廂墊捌層寬壹丈貳尺長伍丈折見方每層
長陸丈捌層共单長肆拾捌丈
加長叁丈徑柒寸簽樁貳根
加長貳丈伍尺徑陸寸簽樁壹根

第拾壹段

廂墊柒層寬壹丈貳尺長伍丈折見方每
層長陸丈柒層共单長肆拾貳丈
加長貳丈伍尺徑陸寸簽樁叁根

第拾貳段

廂墊陸層寬壹丈貳尺長伍丈折見方每

層長陸丈陸層共单長叁拾陸丈

加長貳丈伍尺徑陸寸簽樁貳根

第拾叁段

廂墊柒層寬壹丈貳尺長伍丈折見方每層

長陸丈柒層共单長肆拾貳丈

加長叁丈徑柒寸簽樁貳根

第拾肆段

廂墊陸層寬壹丈貳尺長伍丈折見方每層

長陸丈陸層共单長叁拾陸丈

加長貳丈伍尺徑陸寸簽樁貳根

第拾伍段

廂墊捌層寬壹丈貳尺長伍丈折見方每層

長陸丈捌層共单長肆拾捌丈

加長叁丈徑柒寸簽樁叁根

第拾陸段

廂墊陸層寬壹丈貳尺長伍丈折見方每層

長陸丈陸層共单長叁拾陸丈

第拾柒段

加長貳丈伍尺徑陸寸簽椿貳根

廂墊柒層寬壹丈貳尺長伍丈折見方每層長陸丈柒層共单長肆拾貳丈

第拾捌段

加長叁丈徑柒寸簽椿貳根

廂墊陸層寬壹丈貳尺長伍丈折見方每層長陸丈陸層共单長叁拾陸丈

第拾玖段

加長貳丈伍尺徑陸寸簽椿貳根

廂墊陸層寬壹丈貳尺長伍丈折見方每層長陸丈陸層共单長叁拾陸丈

第貳拾段

加長貳丈伍尺徑陸寸簽椿貳根

廂墊捌層寬壹丈貳尺長伍丈折見方每層長陸丈捌層共单長肆拾捌丈

加長叁丈徑柒寸簽椿叁根

第貳拾壹段

廂墊陸層寬壹丈貳尺長伍丈折見方每層
長陸丈陸層共單長叁拾陸丈
加長貳丈伍尺徑陸寸簽樁貳根

第貳拾貳段

廂墊捌層寬壹丈貳尺長伍丈折見方每層
長陸丈捌層共單長肆拾捌丈
加長叁丈徑柒寸簽樁叁根

第貳拾叁段

廂墊柒層寬壹丈貳尺長伍丈折見方每層
長陸丈柒層共單長肆拾貳丈
加長貳丈伍尺徑陸寸簽樁叁根

第貳拾肆段

廂墊陸層寬壹丈貳尺長伍丈折見方每層
長陸丈陸層共單長叁拾陸丈
加長貳丈伍尺徑陸寸簽樁貳根

第貳拾伍段

廂墊玖層寬壹丈貳尺長伍丈折見方每層

長陸丈玖層共单長伍拾肆丈
加長叁丈徑柒寸簽樁叁根

第貳拾陸段

廂墊柒層寬壹丈貳尺長伍丈折見方每層長
陸丈柒層共单長肆拾貳丈
加長叁丈徑柒寸簽樁壹根
加長貳丈伍尺徑陸寸簽樁壹根

第貳拾柒段

廂墊捌層寬壹丈貳尺長伍丈折見方每
層長陸丈捌層共单長肆拾捌丈
加長叁丈徑柒寸簽樁叁根

第貳拾捌段

廂墊陸層寬壹丈貳尺長伍丈折見方每層
長陸丈陸層共单長叁拾陸丈
加長貳丈伍尺徑陸寸簽樁貳根

第貳拾玖段

廂墊柒層寬壹丈貳尺長伍丈折見方每

層長陸丈柒層共單長肆拾貳丈

加長貳丈伍尺徑陸寸簽椿叁根

第叁拾段

廂墊捌層寬壹丈貳尺長伍丈折見方每層

長陸丈捌層共單長肆拾捌丈

加長叁丈徑柒寸簽椿貳根

第叁拾壹段

廂墊柒層寬壹丈貳尺長伍丈折見方每層

長陸丈柒層共單長肆拾貳丈

加長貳丈伍尺徑陸寸簽椿叁根

每廂墊壹層寬壹丈長壹丈用

秫秸伍拾束每束運價銀捌厘

雇夫貳名每名工價銀肆分

以上廂墊折見方共單長玖百貳拾肆丈用秫

秸肆萬陸千貳百束該銀叁百陸拾玖兩

陸錢加長叁丈徑柒寸椿木貳拾肆根每
根連運價銀伍錢伍分該銀拾叁兩貳錢
加長貳丈伍尺徑陸寸椿木叁拾根每根
連運價銀肆錢伍分該銀拾叁兩伍錢
雇夫壹千捌百肆拾捌名該銀柒拾叁兩
玖錢貳分
共用銀肆百柒拾兩零貳錢貳分

第捌號

第叁拾貳段

廂墊柒層寬壹丈貳尺長伍丈折見方每
層長陸丈柒層共單長肆拾貳大
加長貳丈伍尺徑陸寸簽椿叁根

第叁拾叁段

廂墊柒層寬壹丈貳尺長伍丈折見方每層
長陸丈柒層共單長肆拾貳丈

加長叁丈徑柒寸簽樁貳根

第叁拾肆段

厢墊陸層寬壹丈貳尺長伍丈折見方每層

長陸丈陸層共单長叁拾陸丈

加長貳丈伍尺徑陸寸簽樁貳根

第叁拾伍段

厢墊陸層寬壹丈貳尺長伍丈折見方每層

長陸丈陸層共单長叁拾陸丈

加長貳丈伍尺徑陸寸簽樁貳根

第玖號隄長壹百捌拾丈頂寬叁丈底寬捌丈高壹丈

第壹段

厢墊柒層寬壹丈貳尺長伍丈伍尺折見方

每層長陸丈陸尺柒層共单長肆拾陸

丈貳尺

加長叁丈徑柒寸簽樁貳根

加長貳丈伍尺徑陸寸簽樁壹根

第贰段

廂墊柒層寬壹丈壹尺長伍丈折見方每
層長伍丈伍尺柒層共单長叁拾捌丈
伍尺

加長叁丈徑柒寸簽樁貳根

第叁段

廂墊陸層寬壹丈長陸丈折見方每層長
陸丈陸層共单長叁拾陸丈

加長貳丈伍尺徑陸寸簽樁貳根

第肆段

廂墊捌層寬壹丈長伍丈折見方每層長
伍丈捌層共单長肆拾丈

加長叁丈徑柒寸簽樁叁根

第伍段

廂墊陸層寬壹丈長伍丈折見方每層長
伍丈陸層共单長叁拾丈

加長貳丈伍尺徑陸寸簽樁貳根

第陸段

廂墊柒層寬壹丈壹尺長肆丈折見方每
層長肆丈肆尺柒層共單長叁拾丈
零捌尺
加長貳丈伍尺徑陸寸簽樁貳根

第柒段

廂墊陸層寬壹丈長肆丈伍尺折見方每
層長肆丈伍尺陸層共單長貳拾柒丈
加長叁丈徑柒寸簽樁壹根

第捌段

廂墊柒層寬壹丈長伍丈折見方每層長伍
丈柒層共單長叁拾伍丈
加長貳丈伍尺徑陸寸簽樁貳根

第玖段

廂墊陸層寬壹丈肆尺長拾壹丈折見
方每層長拾伍丈肆尺陸層共單長玖
拾貳丈肆尺

加長叁丈徑柒寸簽樁叁根

第拾段

廂墊陸層寬壹丈壹尺長伍丈折見方每層

長伍丈伍尺陸層共單長叁拾叁丈

加長貳丈伍尺徑陸寸簽樁貳根

第拾壹段

廂墊柒層寬壹丈壹尺長伍丈折見方每層

長伍丈伍尺柒層共單長叁拾捌丈伍尺

加長叁丈徑柒寸簽樁貳根

加長貳丈伍尺徑陸寸簽樁壹根

第拾貳段

廂墊捌層寬壹丈壹尺長伍丈折見方每

層長伍丈伍尺捌層共單長肆拾肆丈

加長叁丈徑柒寸簽樁叁根

第拾叁段

廂墊陸層寬壹丈壹尺長伍丈折見方每

層長伍丈伍尺陸層共單長叁拾叁丈

第拾肆段

加長貳丈伍尺徑陸寸簽樁貳根

廂墊陸層寬壹丈壹尺長伍丈折見方每層

長伍丈伍尺陸層共单長叁拾叁丈

第拾伍段

加長貳丈伍尺徑陸寸簽樁貳根

廂墊柒層寬壹丈壹尺長伍丈折見方每層

長伍丈伍尺柒層共单長叁拾捌丈伍尺

第拾陸段

加長貳丈伍尺徑陸寸簽樁叁根

廂墊陸層寬壹丈壹尺長伍丈折見方每層

長伍丈伍尺陸層共单長叁拾叁丈

第拾柒段

加長貳丈伍尺徑陸寸簽樁貳根

廂墊捌層寬壹丈壹尺長伍丈折見方每

層長伍丈伍尺捌層共单長肆拾肆丈

加長叁丈徑柒寸簽樁叁根

第拾捌段

廂墊柒層寬壹丈壹尺長伍丈折見方每
層長伍丈伍尺柒層共单長叁拾捌丈伍尺
加長叁丈徑柒寸簽樁貳根

第拾玖段

廂墊陸層寬壹丈壹尺長伍丈折見方每
層長伍丈伍尺陸層共单長叁拾叁丈
加長貳丈伍尺徑陸寸簽樁貳根

第貳拾段

廂墊柒層寬壹丈壹尺長伍丈折見方每
層長伍丈伍尺柒層共单長叁拾捌丈伍尺
加長貳丈伍尺徑陸寸簽樁叁根
每廂墊壹層寬壹丈長壹丈用
秫秸伍拾束每束連運價銀捌厘
雇夫貳名每名工價銀肆分
以上廂墊折見方共单長玖百叁拾捌丈玖尺

用秫秸肆萬陸千玖百肆拾伍束該銀叁
百柒拾伍兩伍錢陸分加長叁丈徑柒寸樁
木貳拾叁根每根連運價銀伍錢伍分該
銀拾貳兩陸錢伍分加長貳丈伍尺徑陸
寸樁木叁拾叁根每根連運價銀肆錢
伍分該銀拾肆兩捌錢伍分雇夫壹千捌
百柒拾柒名半該銀柒拾伍兩壹錢
共用銀肆百柒拾捌兩壹錢陸分

第玖號

第貳拾壹段

廂墊柒層寬壹丈壹尺長伍丈折見方每
層長伍丈伍尺柒層共單長叁拾捌丈伍尺
加長叁丈徑柒寸簽樁貳根

第拾號隄長壹百捌拾丈頂寬叁丈底寬捌丈高壹丈壹尺

柒月分

第壹段　廂墊捌層寬壹丈貳尺長伍丈折見方每層
長陸丈捌層共单長肆拾捌丈
加長叁丈徑柒寸簽樁叁根

第貳段　廂墊陸層寬壹丈貳尺長伍丈折見方每
層長陸丈陸層共单長叁拾陸丈
加長貳丈伍尺徑陸寸簽樁貳根

第叁段　廂墊柒層寬壹丈貳尺長伍丈折見方每
層長陸丈柒層共单長肆拾貳丈
加長貳丈伍尺徑陸寸簽樁叁根

第肆段　廂墊陸層寬壹丈貳尺長伍丈折見方每
層長陸丈陸層共单長叁拾陸丈
加長叁丈徑柒寸簽樁貳根

第伍段　廂墊捌層寬壹丈貳尺長伍丈折見方每

層長陸丈捌層共单長肆拾捌丈

加長叁丈徑柒寸簽椿叁根

第陸段

廂墊陸層寬壹丈貳尺長伍丈折見方毎層

長陸丈陸層共单長叁拾陸丈

加長貳丈伍尺徑陸寸簽椿貳根

第柒段

廂墊柒層寬壹丈貳尺長伍丈折見方毎層

長陸丈柒層共单長肆拾貳丈

加長叁丈徑柒寸簽椿壹根

加長貳丈伍尺徑陸寸簽椿貳根

第捌段

廂墊玖層寬壹丈貳尺長伍丈折見方毎

層長陸丈玖層共单長伍拾肆丈

加長叁丈徑柒寸簽椿叁根

第玖段

廂墊陸層寬壹丈貳尺長伍丈折見方毎

層長陸丈陸層共單長叁拾陸丈
加長貳丈伍尺徑陸寸簽樁貳根

第拾段

廂墊捌層寬壹丈貳尺長伍丈折見方每層
長陸丈捌層共單長肆拾捌丈
加長叁丈徑柒寸簽樁叁根

第拾壹段

廂墊陸層寬壹丈貳尺長伍丈折見方每
層長陸丈陸層共單長叁拾陸丈
加長貳丈伍尺徑陸寸簽樁貳根

第拾貳段

廂墊柒層寬壹丈貳尺長伍丈折見方每
層長陸丈柒層共單長肆拾貳丈
加長貳丈伍尺徑陸寸簽樁叁根

第拾叁段

廂墊陸層寬壹丈貳尺長伍丈折見方每
層長陸丈陸層共單長叁拾陸丈

第拾肆段

加長貳丈伍尺徑陸寸簽樁貳根
廂墊柒層寬壹丈貳尺長伍丈折見方每層長陸丈柒層共单長肆拾貳丈

第拾伍段

加長叁丈徑柒寸簽樁貳根
廂墊玖層寬壹丈貳尺長伍丈折見方每層長陸丈玖層共单長伍拾肆丈

第拾陸段

加長叁丈徑柒寸簽樁叁根
廂墊陸層寬壹丈貳尺長伍丈折見方每層長陸丈陸層共单長叁拾陸丈

第拾柒段

加長貳丈伍尺徑陸寸簽樁貳根
廂墊柒層寬壹丈貳尺長伍丈折見方每層長陸丈柒層共单長肆拾貳丈
加長貳丈伍尺徑陸寸簽樁叁根

第拾捌段

廂墊捌層寬壹丈貳尺長伍丈折見方每層長陸丈捌層共单長肆拾捌丈

加長叁丈徑柒寸簽樁叁根

第拾玖段

廂墊陸層寬壹丈貳尺長伍丈折見方每層長陸丈陸層共单長叁拾陸丈

加長貳丈伍尺徑陸寸簽樁叁根

第貳拾段

廂墊玖層寬壹丈貳尺長伍丈折見方每層長陸丈玖層共单長伍拾肆丈

加長叁丈徑柒寸簽樁叁根

第貳拾壹段

廂墊柒層寬壹丈貳尺長伍丈折見方每層長陸丈柒層共单長肆拾貳丈

加長貳丈伍尺徑陸寸簽樁叁根

每廂墊壹層寬壹丈長壹丈用

秫秸伍拾束每束連運價銀捌厘
雇夫貳名每名工價銀肆分
以上廂埽折見方共單長玖百叁拾貳丈伍尺
用秫秸肆萬陸千陸百貳拾伍束該銀叁
百柒拾叁兩加長叁丈徑柒寸椿木貳拾
捌根每根連運價銀伍錢伍分該銀拾
伍兩肆錢加長貳丈伍尺徑陸寸椿木貳
拾玖根每根連運價銀肆錢伍分該銀
拾叁兩零伍分雇夫壹千捌百陸拾伍名
該銀柒拾肆兩陸錢
共用銀肆百柒拾陸兩零伍分
第拾伍號隄長壹百捌拾丈頂寬貳丈伍尺底寬柒丈高捌尺
第壹段
廂埽玖層寬壹丈壹尺長肆丈伍尺折見方

每層長肆丈玖尺伍寸玖層共单長肆拾肆丈伍尺伍寸

加長叁丈徑柒寸簽樁叁根

第貳段

廂墊柒層寬壹丈壹尺長肆丈伍尺折見方每層長肆丈玖尺伍寸柒層共单長叁拾肆丈陸尺伍寸

加長貳丈伍尺徑陸寸簽樁叁根

第叁段

廂墊陸層寬壹丈壹尺長叁丈折見方每層長叁丈叁尺陸層共单長拾玖丈捌尺

加長貳丈伍尺徑陸寸簽樁貳根

第肆段

廂墊陸層寬壹丈叁尺伍寸長貳丈伍尺折見方每層叁丈叁尺柒寸伍分陸層共单長貳拾丈零貳尺伍寸

第伍段

加長叁丈徑柒寸簽椿壹根

廂墊玖層寬壹丈叁尺長伍丈貳尺折見方每層長陸丈柒尺陸寸玖層共單長陸拾丈零捌尺肆寸

第陸段

加長叁丈徑柒寸簽椿叁根

廂墊柒層寬壹丈叁尺伍寸長叁丈折見方每層長肆丈零伍寸柒層共單長貳拾捌丈叁尺伍寸

第柒段

加長貳丈伍尺徑陸寸簽椿貳根

廂墊陸層寬壹丈肆尺長叁丈貳尺折見方每層長肆丈肆尺捌寸陸層共單長貳拾陸丈捌尺捌寸

加長貳丈伍尺徑陸寸簽椿貳根

第捌段

廂墊柒層寬壹丈壹尺長伍丈伍尺折見方每層長陸丈零伍寸柒層共單長肆拾貳丈叁尺伍寸

加長叁丈徑柒寸簽樁貳根

第玖段

廂墊陸層寬壹丈壹尺長伍丈貳尺折見方每層長伍丈柒尺貳寸陸層共單長叁拾肆丈叁尺貳寸

加長貳丈伍尺徑陸寸簽樁叁根

第拾段

廂墊陸層寬壹丈叁尺長陸丈折見方每層長柒丈捌尺陸層共單長肆拾陸丈捌尺

加長叁丈徑柒寸簽樁壹根

加長貳丈伍尺徑陸寸簽樁壹根

第拾壹段

廂墊玖層寬壹丈叁尺長伍丈肆尺折見方每層長柒丈零貳寸玖層共单長陸拾叁丈壹尺捌寸

加長叁丈徑柒寸簽樁叁根

第拾貳段

廂墊柒層寬壹丈壹尺長叁丈伍尺折見方每層長叁丈捌尺伍寸柒層共单長貳拾陸丈玖尺伍寸

加長貳丈伍尺徑陸寸簽樁叁根

第拾叁段

廂墊玖層寬壹丈壹尺長伍丈折見方每層長伍丈伍尺玖層共单長肆拾玖丈伍尺

加長叁丈徑柒寸簽樁叁根

第拾肆段

廂墊柒層寬壹丈貳尺長伍丈伍尺折見

方每層長陸丈陸尺柒層共单長肆
拾陸丈貳尺
加長貳丈伍尺徑陸寸簽樁叁根

第拾伍段

廂墊拾層寬壹丈壹尺長伍丈壹尺折見
方每層長伍丈陸尺壹寸拾層共单
長伍拾陸丈壹尺
加長貳丈伍尺徑陸寸簽樁肆根

第拾陸段

廂墊陸層寬壹丈貳尺長伍丈壹尺折
見方每層長陸丈壹尺貳寸陸層共单
長叁拾陸丈柒尺貳寸
加長叁丈徑柒寸簽樁貳根

第拾柒段

廂墊拾層寬壹丈叁尺長伍丈壹尺折
方每層長陸丈陸尺叁寸拾層共单長

陸拾陸丈叁尺

第拾捌段

加長叁丈徑柒寸簽樁叁根

廂墊玖層寬壹丈叁尺長伍丈折見方每層長陸丈伍尺玖層共單長伍拾捌丈伍尺

第拾玖段

加長貳丈伍尺徑陸寸簽樁叁根

廂墊捌層寬壹丈貳尺長伍丈叁尺折見方每層長陸丈叁尺陸寸捌層共單長伍拾丈零捌尺捌寸

第貳拾段

加長叁丈徑柒寸簽樁叁根

廂墊陸層寬壹丈貳尺長伍丈貳尺折見方每層長陸丈貳尺肆寸陸層共單長叁拾柒丈肆尺肆寸

加長貳丈伍尺徑陸寸簽樁貳根

第貳拾壹段

廂墊拾層寬壹丈貳尺長伍丈折見方每
層長陸丈拾層共单長陸拾丈
加長叁丈徑柒寸簽樁叁根

第貳拾貳段

廂墊柒層寬壹丈貳尺長伍丈壹尺折見
方每層長陸丈壹尺貳寸柒層共单長
肆拾貳丈捌尺肆寸
加長叁丈徑柒寸簽樁貳根
每廂墊壹層寬壹丈長壹丈用
秫秸伍拾束每束連運價銀捌厘
雇夫貳名每名工價銀肆分
以上廂墊折見方共单長玖百伍拾叁丈肆
尺用秫秸肆萬柒千陸百柒拾束該銀

叁百捌拾壹兩叁錢陸分加長叁丈徑

柒寸椿木貳拾玖根每根連運價銀伍

錢伍分該銀拾伍兩玖錢伍分加長貳丈

伍尺徑陸寸椿木貳拾捌根每根連運

價銀肆錢伍分該銀拾貳兩陸錢倠夫壹

千玖百零陸名半該銀柒拾陸兩貳錢

陸分

共用銀肆百捌拾陸兩壹錢柒分

第拾伍號

第貳拾叁段

廂埽捌層寬壹丈貳尺長伍丈折見方每

層長陸丈捌層共单長肆拾捌丈

加長叁丈徑柒寸簽椿叁根

第貳拾肆段

廂埽柒層寬壹丈貳尺長伍丈折見方每

層長陸丈柒層共单長肆拾貳丈
加長貳丈伍尺徑陸寸簽樁貳根
第拾陸號隄長壹百捌拾丈頂寬叁丈底寬柒丈高壹丈
陸月分　第壹段　廂墊捌層寬壹丈貳尺長伍丈折見方每
層長陸丈捌層共单長肆拾捌丈
加長叁丈徑柒寸簽樁叁根
柒月分　廂墊陸層寬壹丈貳尺長伍丈折見方
每層長陸丈陸層共单長叁拾陸丈
加長貳丈伍尺徑陸寸簽樁貳根
陸月分　第貳段　廂墊捌層寬壹丈貳尺長伍丈折見方每
層長陸丈捌層共单長肆拾捌丈
加長叁丈徑柒寸簽樁貳根
柒月分　廂墊陸層寬壹丈貳尺長伍丈折見方

陸月分　第叁段

柒月分

陸月分　第肆段

柒月分

每層長陸丈陸層共单長叁拾陸丈
加長貳丈伍尺徑陸寸簽椿貳根
廂墊捌層寬壹丈貳尺長伍丈折見方每
層長陸丈捌層共单長肆拾捌丈
加長叁丈徑柒寸簽椿貳根
廂墊柒層寬壹丈貳尺長伍丈折見方每
層長陸丈柒層共单長肆拾貳丈
加長貳丈伍尺徑陸寸簽椿貳根
廂墊捌層寬壹丈貳尺長伍丈折見方
每層長陸丈捌層共单長肆拾捌丈
加長貳丈伍尺徑陸寸簽椿貳根
廂墊陸層寬壹丈貳尺長伍丈折見方每
層長陸丈陸層共单長叁拾陸丈

加長貳丈伍尺徑陸寸簽樁壹根

陸月分 第伍段

廂墊捌層寬壹丈貳尺長伍丈折見方
每層長陸丈捌層共单長肆拾捌丈
加長叁丈徑柒寸簽樁叁根

柒月分

廂墊柒層寬壹丈貳尺長伍丈折見方每
層長陸丈柒層共单長肆拾貳丈
加長貳丈伍尺徑陸寸簽樁貳根

陸月分 第陸段

廂墊捌層寬壹丈貳尺長伍丈折見方每
層長陸丈捌層共单長肆拾捌丈
加長叁丈徑柒寸簽樁貳根
加長貳丈伍尺徑陸寸簽樁壹根

柒月分

廂墊柒層寬壹丈貳尺長伍丈折見方每
層長陸丈柒層共单長肆拾貳丈

陸月分　第柒段

柒月分

陸月分　第捌段

柒月分

加長貳丈伍尺徑陸寸簽椿貳根
廂墊玖層寬壹丈貳尺長伍丈折見方毎
層長陸丈玖層共單長伍拾肆丈
加長貳丈伍尺徑陸寸簽椿貳根
廂墊捌層寬壹丈貳尺長伍丈折見方
毎層長陸丈捌層共單長肆拾捌丈
加長貳丈伍尺徑陸寸簽椿壹根
廂墊捌層寬壹丈貳尺長伍丈折見方毎
層長陸丈捌層共單長肆拾捌丈
加長叁丈徑柒寸簽椿叁根
廂墊柒層寬壹丈貳尺長伍丈折見方毎
層長陸丈柒層共單長肆拾貳丈
加長貳丈伍尺徑陸寸簽椿貳根

陸月分　第玖段

廂墊捌層寬壹丈貳尺長伍丈折見方每

層長陸丈捌層共单長肆拾捌丈

加長叁徑柒寸簽樁叁根

柒月分

廂墊柒層寬壹丈貳尺長伍丈折見方

每層長陸丈柒層共单長肆拾貳丈

加長貳丈伍尺徑陸寸簽樁貳根

陸月分　第拾段

廂墊玖層寬壹丈貳尺長伍丈折見方每

層長陸丈玖層共单長伍拾肆丈

加長叁丈徑柒寸簽樁貳根

柒月分

加長貳丈伍尺徑陸寸簽樁壹根

廂墊柒層寬壹丈貳尺長伍丈折見方每

層長陸丈柒層共单長肆拾貳丈

加長貳丈伍尺徑陸寸簽樁貳根

每廂墊壹層寬壹丈長壹丈用秫秸伍拾束每束連運價銀捌厘雇夫貳名每名工價銀肆分

以上廂墊折見方共單長玖百玖拾丈用秫秸肆萬玖千伍百束該銀叁百玖拾陸兩加長叁丈徑柒寸樁木貳拾叁根每根連運價銀伍錢伍分該銀拾貳兩陸錢伍分加長貳丈伍尺徑陸寸樁木貳拾陸根每根連運價銀肆錢伍分該銀拾壹兩柒錢雇夫壹千玖百捌拾名該銀柒拾玖兩貳錢

共用銀肆百玖拾玖兩伍錢伍分

第拾陸號

陸月分　第拾壹段

廂墊捌層寬壹丈貳尺長伍丈折見方每層長陸丈捌層共单長肆拾捌丈

加長叁丈徑柒寸簽椿叁根

柒月分

廂墊柒層寬壹丈貳尺長伍丈折見方每層長陸丈柒層共单長肆拾貳丈

加長貳丈伍尺徑陸寸簽椿壹根

陸月分　第拾貳段

廂墊捌層寬壹丈貳尺長伍丈折見方每層長陸丈捌層共单長肆拾捌丈

加長叁丈徑柒寸簽椿叁根

柒月分

廂墊柒層寬壹丈貳尺長伍丈折見方每層長陸丈柒層共单長肆拾貳丈

加長貳丈伍尺徑陸寸簽椿貳根

陸月分　第拾叁段

廂墊柒層寬壹丈貳尺長伍丈折見方

柒月分

陸月分　第拾肆段

柒月分

陸月分　第拾伍段

每層長陸丈柒層共单長肆拾貳丈
加長貳丈伍尺徑陸寸簽椿叁根
廂墊陸層寬壹丈貳尺長伍丈折見方每
層長陸丈陸層共单長叁拾陸丈
加長貳丈伍尺徑陸寸簽椿貳根
廂墊柒層寬壹丈貳尺長伍丈折見方每
層長陸丈柒層共单長肆拾貳丈
加長貳丈伍尺徑陸寸簽椿叁根
廂墊陸層寬壹丈貳尺長伍丈折見方每
層長陸丈陸層共单長叁拾陸丈
加長貳丈伍尺徑陸寸簽椿貳根
廂墊捌層寬壹丈貳尺長伍丈折見方
每層長陸丈捌層共单長肆拾捌丈

柒月分

加長叁丈徑柒寸簽椿叁根

廂墊柒層寬壹丈貳尺長伍丈折見方每層長陸丈柒層共单長肆拾貳丈

加長貳丈伍尺徑陸寸簽椿叁根

陸月分　第拾陸段

廂墊捌層寬壹丈貳尺長伍丈折見方每層長陸丈捌層共单長肆拾捌丈

加長叁丈徑柒寸簽椿貳根

加長貳丈伍尺徑陸寸簽椿壹根

柒月分

廂墊柒層寬壹丈貳尺長伍丈折見方每層長陸丈柒層共单長肆拾貳丈

加長貳丈伍尺徑陸寸簽椿貳根

陸月分　第拾柒段

廂墊柒層寬壹丈貳尺長伍丈折見方每層長陸丈柒層共单長肆拾貳丈

柒月分

陸月分　第拾捌段

柒月分

陸月分　第拾玖段

加長叁丈徑柒寸簽樁壹根

加長貳丈伍尺徑陸寸簽樁壹根

廂墊陸層寬壹丈貳尺長伍丈折見方

每層長陸丈陸層共单長叁拾陸丈

加長貳丈伍尺徑陸寸簽樁貳根

廂墊捌層寬壹丈貳尺長伍丈折見方每

層長陸丈捌層共单長肆拾捌丈

加長叁丈徑柒寸簽樁叁根

廂墊陸層寬壹丈貳尺長伍丈折見方每

層長陸丈陸層共单長叁拾陸丈

加長貳丈伍尺徑陸寸簽樁貳根

廂墊捌層寬壹丈貳尺長陸丈折見方每

層長柒丈貳尺捌層共单長伍拾柒丈陸尺

柒月分

加長叁丈徑柒寸篙椿叁根

廂墊柒層寬壹丈貳尺長陸丈折見方每層長柒丈貳尺柒層共单長伍拾丈零肆尺

加長貳丈伍尺徑陸寸篙椿叁根

陸月分　第貳拾段

廂墊柒層寬壹丈貳尺長陸丈折見方每層長柒丈貳尺柒層共单長伍拾丈零肆尺

加長叁丈徑柒寸篙椿壹根

加長貳丈伍尺徑陸寸篙椿貳根

柒月分

廂墊陸層寬壹丈貳尺長陸丈折見方每層長柒丈貳尺陸層共单長肆拾叁丈貳尺

加長貳丈伍尺徑陸寸篙椿叁根

陸月分　第貳拾壹段

廂墊捌層寬壹丈貳尺長伍丈伍尺折見

柒月分

方每層陸丈陸尺捌層共单長伍拾貳
丈捌尺
加長叁丈徑柒寸簽樁叁根
廂墊柒層寬壹丈貳尺長伍丈伍尺折見
方每層長陸丈陸尺柒層共单長肆拾
陸丈貳尺
加長貳丈伍尺徑陸寸簽樁叁根
每廂墊壹層寬壹丈長壹丈用
秫秸伍拾束每束運運價銀捌厘
雇夫貳名每名工價銀肆分
以上廂墊折見方共单長玖百柒拾捌丈陸
尺用秫秸肆萬捌千玖百叁拾束該銀
叁百玖拾壹兩肆錢肆分加長叁丈

徑柒寸椿木貳拾貳根每根連運價銀
伍錢伍分該銀拾貳兩壹錢加長貳丈
伍尺徑陸寸椿木叁拾伍根每根連運
價銀肆錢伍分該銀拾伍兩柒錢伍分
雇夫壹千玖百伍拾柒名該銀柒拾捌
兩貳錢捌分

共用銀肆百玖拾柒兩伍錢柒分

第拾陸號

陸月分

第貳拾貳段

廂墊捌層寬壹丈貳尺長伍丈伍尺折見
方每層長陸丈陸尺捌層共單長伍拾
貳丈捌尺

加長叁丈徑柒寸簽椿叁根

柒月分

廂墊柒層寬壹丈貳尺長伍丈伍尺折見方

每層長陸丈陸尺柒層共单長肆拾陸丈貳尺

加長貳丈伍尺徑陸寸簽椿叁根

陸月分　第貳拾叁段

廂墊玖層寬壹丈叁尺長伍丈折見方每層長陸丈伍尺玖層共单長伍拾捌丈伍尺

加長叁丈徑柒寸簽椿叁根

柒月分

廂墊柒層寬壹丈叁尺長伍丈折見方每層長陸丈伍尺柒層共单長肆拾伍丈伍尺

加長貳丈伍尺徑陸寸簽椿貳根

陸月分　第貳拾肆段

廂墊玖層寬壹丈叁尺長肆丈折見方每層長伍丈貳尺玖層共单長肆拾陸丈捌尺

加長叁丈徑柒寸簽椿貳根

柒月分

廂墊柒層寬壹丈叁尺長肆丈折見方每

陸月分

第貳拾伍段

柒月分

層長伍丈貳尺柒層共單長叁拾陸丈肆尺
加長貳丈伍尺徑陸寸簽樁貳根
廂墊拾層寬壹丈叁尺長陸丈折見方每
層長柒丈捌尺拾層共單長柒拾捌丈
加長叁丈徑柒寸簽樁肆根
廂墊捌層寬壹丈叁尺長陸丈折見方每
層長柒丈捌尺捌層共單長陸拾貳丈肆尺
加長貳丈伍尺徑陸寸簽樁叁根
每廂墊壹層寬壹丈長壹丈用
秫秸伍拾束每束連運價銀捌厘
雇夫貳名每名工價銀肆分
以上廂墊折見方共單長肆百貳拾陸丈陸
尺用秫秸貳萬壹千叁百叁拾束該銀

壹百柒拾兩零陸錢肆分加長叁丈徑柒
寸椿木拾貳根每根連運價銀伍錢伍分
該銀陸兩陸錢加長貳丈伍尺徑陸寸椿
木拾根每根連運價銀肆錢伍分該銀
肆兩伍錢雇夫捌百伍拾叁名該銀叁
拾肆兩壹錢貳分
共用銀貳百壹拾伍兩捌錢陸分
以上挑築搶修廂埽工程併加簽椿共用銀
肆千零伍拾捌兩叁錢貳分　查一南岸上
下頭貳叁工採辦秫秸
奏准每束加添運脚銀貳厘伍毫該工
計用秫秸叁拾玖萬捌千玖百叁拾伍
束用運脚銀玖百玖拾柒兩叁錢叁分

柒厘伍毫

南岸叁工涿州州判

一領銀壹千肆百肆拾肆兩陸錢壹分

又領加添林秸運脚銀叁百陸拾壹兩壹錢玖分叁厘柒毫伍絲

第玖號隄長壹百捌拾丈頂寬貳丈伍尺底寬柒丈伍尺高玖尺

陸月分　第壹段

廂墊柒層寬壹丈貳尺長叁丈伍尺折見方

每層長肆丈貳尺柒層共單長貳拾玖丈肆尺

加長貳丈伍尺徑陸寸簽樁貳根

柒月分

廂墊陸層寬壹丈貳尺長叁丈伍尺折見方

每層長肆丈貳尺陸層共單長貳拾伍丈貳尺

加長貳丈伍尺徑陸寸簽樁貳根

陸月分　第貳段

廂墊捌層寬壹丈壹尺長伍丈折見方每

層長伍丈伍尺捌層共單長肆拾肆丈

柒月分

加長叁丈徑柒寸簽樁貳根

廂墊捌層寬壹丈壹尺長伍丈折見方毎層長伍丈伍尺捌層共单長肆拾肆丈

陸月分　第叁段

加長叁丈徑柒寸簽樁貳根

廂墊柒層寬壹丈貳尺長陸丈折見方毎層長柒丈貳尺柒層共单長伍拾丈零肆尺

柒月分

加長貳丈伍尺徑陸寸簽樁貳根

廂墊陸層寬壹丈貳尺長陸丈折見方毎層長柒丈貳尺陸層共单長肆拾叁丈貳尺

陸月分　第肆段

加長貳丈伍尺徑陸寸簽樁貳根

廂墊玖層寬壹丈貳尺長叁丈陸尺折見方毎層長肆丈叁尺貳寸玖層共单長叁拾捌丈捌尺捌寸

柒月分

加長貳丈伍尺徑陸寸簽椿貳根

廂墊捌層寬壹丈貳尺長叁丈陸尺折見方每層長肆丈叁尺貳寸捌層共单長叁拾肆丈伍尺陸寸

陸月分　第伍段

加長貳丈伍尺徑陸寸簽椿壹根

廂墊拾層寬壹丈貳尺長伍丈折見方每層長陸丈拾層共单長陸拾丈

柒月分

加長叁丈徑柒寸簽椿貳根

廂墊捌層寬壹丈貳尺長伍丈折見方每層長陸丈捌層共单長肆拾捌丈

陸月分　第陸段

加長叁丈徑柒寸簽椿壹根

廂墊捌層寬壹丈長叁丈折見方每層長叁丈捌層共单長貳拾肆丈

柒月分

加長貳丈伍尺徑陸寸簽樁壹根

廂墊陸層寬壹丈長叁丈折見方每層長

叁丈陸層共單長拾捌丈

陸月分　第柒段

加長貳丈伍尺徑陸寸簽樁壹根

廂墊玖層寬壹丈壹尺長肆丈伍尺折見

方每層長肆丈玖尺伍寸玖層共單長

肆拾肆丈伍尺伍寸

柒月分

加長叁丈徑柒寸簽樁貳根

廂墊柒層寬壹丈壹尺長肆丈伍尺折見

方每層長肆丈玖尺伍寸柒層共單長

叁拾肆丈陸尺伍寸

陸月分　第捌段

加長貳丈伍尺徑陸寸簽樁貳根

廂墊拾層寬壹丈壹尺長貳丈折見方

每層長貳丈貳尺拾層共单長貳拾貳丈

加長貳丈伍尺徑陸寸簽樁貳根

柒月分

廂墊玖層寬壹丈壹尺長貳丈折見方

每層長貳丈貳尺玖層共单長拾玖丈捌尺

加長貳丈伍尺徑陸寸簽樁壹根

陸月分 第玖段

廂墊拾壹層寬壹丈長叁丈折見方每

層長叁丈拾壹層共单長叁拾叁丈

加長叁丈徑柒寸簽樁貳根

柒月分

廂墊拾層寬壹丈長叁丈折見方每層

長叁丈拾層共单長叁拾丈

加長叁丈徑柒寸簽樁貳根

陸月分 第拾段

廂墊玖層寬壹丈長貳丈伍尺折見方

每層長貳丈伍尺玖層共单長貳拾貳

柒月分

陸月分　第拾壹段

柒月分

丈伍尺
加長叁丈徑柒寸簽椿貳根
廂墊柒層寬壹丈長貳丈伍尺折見方每層
長貳丈伍尺柒層共单長拾柒丈伍尺
加長貳丈伍尺徑陸寸簽椿壹根
廂墊拾層寬壹丈壹尺長叁丈伍尺折見
方每層長叁丈捌尺伍寸拾層共单長
叁拾捌丈伍尺
加長叁丈徑柒寸簽椿貳根
廂墊玖層寬壹丈壹尺長叁丈伍尺折見方
每層長叁丈捌尺伍寸玖層共单長叁拾
肆丈陸尺伍寸
加長叁丈徑柒寸簽椿壹根

陸月分　第拾貳段

廂墊拾貳層寬壹丈長叁丈折見方每層
長叁丈拾貳層共單長叁拾陸丈

柒月分

加長叁丈徑柒寸簽樁貳根
廂墊拾層寬壹丈長叁丈折見方每層
長叁丈拾層共單長叁拾丈

陸月分　第拾叁段

加長貳丈伍尺徑陸寸簽樁壹根
廂墊拾壹層寬壹丈壹尺長伍丈折見方
每層長伍丈伍尺拾壹層共單長陸拾
丈零伍尺

柒月分

加長叁丈徑柒寸簽樁貳根
廂墊玖層寬壹丈壹尺長伍丈折見方每
層長伍丈伍尺玖層共單長肆拾玖
丈伍尺

加長貳丈伍尺徑陸寸簽椿貳根

每廂墊壹層寬壹丈長壹丈用

秫秸伍拾束每束連運價銀捌厘

雇夫貳名每名工價銀肆分

以上廂墊折見方共單長玖百叁拾貳丈柒尺

玖寸用秫秸肆萬陸千陸百叁拾玖束

半該銀叁百柒拾叁兩壹錢壹分陸厘

加長叁丈徑柒寸椿木貳拾貳根每根

連運價銀伍錢伍分該銀拾貳兩壹錢

加長貳丈伍尺徑陸寸椿木貳拾貳根每

根連運價銀肆錢伍分該銀玖兩玖錢

雇夫壹千捌百陸拾伍名半該銀柒拾

肆兩陸錢貳分

共用銀肆百陸拾玖兩柒錢叁分陸厘

第玖號

陸月分 第拾肆段

廂墊拾貳層寬壹丈長叁丈折見方每層長叁丈拾貳層共單長叁拾陸丈

加長貳丈伍尺徑陸寸簽樁壹根

柒月分

廂墊玖層寬壹丈長叁丈折見方每層長叁丈玖層共單長貳拾柒丈

加長貳丈伍尺徑陸寸簽樁壹根

陸月分 第拾伍段

廂墊捌層寬壹丈長肆丈折見方每層長肆丈捌層共單長叁拾貳丈

加長叁丈徑柒寸簽樁貳根

柒月分

廂墊捌層寬壹丈長肆丈折見方每層長肆丈捌層共單長叁拾貳丈

陸月分　第拾陸段

柒月分

陸月分　第拾柒段

柒月分

加長貳丈伍尺徑陸寸篙樁壹根

廂墊玖層寬壹丈陸尺長伍丈折見方每
層長捌丈玖層共単長柒拾貳丈

加長叁丈徑柒寸篙樁叁根

廂墊玖層寬壹丈陸尺長伍丈折見方每層
長捌丈玖層共単長柒拾貳丈

加長叁丈徑柒寸篙樁貳根

廂墊玖層寬壹丈陸尺長肆丈叁尺折見
方每層長陸丈捌尺捌寸玖層共単長
陸拾壹丈玖尺貳寸

加長叁丈徑柒寸篙樁貳根

廂墊捌層寬壹丈陸尺長肆丈叁尺折見
方每層長陸丈捌尺捌寸捌層共単長

伍拾伍丈零肆寸

陸月分　第拾捌段

加長叁丈徑柒寸簽樁貳根

廂墊捌層寬壹丈柒尺長肆丈伍尺折見方毎層長柒丈陸尺伍寸捌層共单長陸拾壹丈貳尺

加長叁丈徑柒寸簽樁貳根

柒月分

廂墊陸層寬壹丈柒尺長肆丈伍尺折見方毎層長柒丈陸尺伍寸陸層共单長肆拾伍丈玖尺

加長貳丈伍尺徑陸寸簽樁貳根

第拾叁號隄長壹百捌拾丈頂寬叁丈底寬捌丈高壹丈

陸月分　第壹段

廂墊捌層寬壹丈叁尺長肆丈伍尺折見方毎層長伍丈捌尺伍寸捌層共单

柒月分

陸月分　第貳段

柒月分

長肆拾陸丈捌尺

加長貳丈伍尺徑陸寸簽樁貳根

廂墊陸層寬壹丈叁尺長肆丈伍尺折見

方每層長伍丈捌尺伍寸陸層共單長

叁拾伍丈壹尺

加長貳丈伍尺徑陸寸簽樁壹根

廂墊捌層寬壹丈叁尺長肆丈伍尺折見

方每層長伍丈捌尺伍寸捌層共單長

肆拾陸丈捌尺

加長叁丈徑柒寸簽樁貳根

廂墊陸層寬壹丈叁尺長肆丈伍尺折見

方每層長伍丈捌尺伍寸陸層共單長

叁拾伍丈壹尺

陸月分第叁段

加長貳丈伍尺徑陸寸簽樁壹根

廂墊柒層寬壹丈肆尺長肆丈伍尺折見方每層長陸丈叁尺柒層共单長肆拾肆丈壹尺

柒月分

加長貳丈伍尺徑陸寸簽樁貳根

廂墊伍層寬壹丈肆尺長肆丈伍尺折見方每層長陸丈叁尺伍層共单長叁拾壹丈伍尺

陸月分第肆段

加長貳丈伍尺徑陸寸簽樁壹根

廂墊柒層寬壹丈肆尺長肆丈伍尺折見方每層長陸丈叁尺柒層共单長肆拾肆丈壹尺

柒月分

加長貳丈伍尺徑陸寸簽樁貳根

廂墊伍層寬壹丈肆尺長肆丈伍尺折見方每層長陸丈叁尺伍層共单長叁拾壹丈伍尺

陸月分　第伍段

加長貳丈伍尺徑陸寸簽樁壹根

廂墊柒層寬壹丈肆尺長肆丈伍尺折見方

每層長陸丈叁尺柒層共单長肆拾肆丈壹尺

柒月分

加長貳丈伍尺徑陸寸簽樁貳根

廂墊伍層寬壹丈肆尺長肆丈伍尺折見方

每層長陸丈叁尺伍層共单長叁拾壹丈伍尺

陸月分　第陸段

加長貳丈伍尺徑陸寸簽樁壹根

廂墊柒層寬壹丈肆尺長肆丈伍尺折見方

每層長陸丈叁尺柒層共单長肆拾肆丈壹尺

柒月分

加長叁丈徑柒寸簽樁貳根

廂墊陸層寬壹丈肆尺長肆丈伍尺折見方

每層長陸丈叁尺陸層共单長叁拾柒丈捌尺

加長貳丈伍尺徑陸寸簽樁壹根

每廂墊壹層寬壹丈長壹丈用
秫秸伍拾束每束連運價銀捌厘
雇夫貳名每名工價銀肆分
以上廂墊折見方共单長玖百陸拾柒丈伍
尺陸寸用秫秸肆萬捌千叁百柒拾捌
束該銀叁百捌拾柒兩零貳分肆厘加
長叁丈徑柒寸樁木拾柒根每根連
運價銀伍錢伍分該銀玖兩叁錢伍分
加長貳丈伍尺徑陸寸樁木拾玖根每
根連運價銀肆錢伍分該銀捌兩伍錢
伍分雇夫壹千玖百叁拾伍名該銀柒
拾柒兩肆錢
共用銀肆百捌拾貳兩叁錢貳分肆厘

第拾叁號

陸月分 第柒段

柒月分

陸月分 第捌段

柒月分

廂墊陸層寬壹丈肆尺長肆丈伍尺折見方

每層長陸丈叁尺陸層共單長叁拾柒丈捌尺

加長叁丈徑柒寸簽樁貳根

廂墊肆層寬壹丈肆尺長肆丈伍尺折見方

每層長陸丈叁尺肆層共單長貳拾伍丈貳尺

加長貳丈伍尺徑陸寸簽樁壹根

廂墊伍層寬壹丈肆尺長肆丈伍尺折見方每

層長陸丈叁尺伍層共單長叁拾壹丈伍尺

加長叁丈徑柒寸簽樁貳根

廂墊肆層寬壹丈肆尺長肆丈伍尺折見方每

層長陸丈叁尺肆層共單長貳拾伍丈貳尺

加長貳丈伍尺徑陸寸簽樁壹根

陸月分 第玖段

廂墊柒層寬壹丈伍尺長伍丈折見方每層
長柒丈伍尺柒層共單長伍拾貳丈伍尺
加長叁丈徑柒寸簽樁貳根

柒月分

廂墊陸層寬壹丈伍尺長伍丈折見方每層
長柒丈伍尺陸層共單長肆拾伍丈
加長貳丈伍尺徑陸寸簽樁壹根

陸月分 第拾段

廂墊柒層寬壹丈伍尺長伍丈折見方每層
長柒丈伍尺柒層共單長伍拾貳丈伍尺
加長叁丈徑柒寸簽樁貳根

柒月分

廂墊陸層寬壹丈伍尺長伍丈折見方每
層長柒丈伍尺陸層共單長肆拾伍丈
加長貳丈伍尺徑陸寸簽樁壹根

陸月分 第拾壹段

廂墊柒層寬壹丈伍尺長伍丈折見方每

柒月分

陸月分　第拾貳段

柒月分

陸月分　第拾叁段

層長柒丈伍尺柒層共单長伍拾貳丈

伍尺

加長叁丈徑柒寸簽樁貳根

廂墊陸層寬壹丈伍尺長伍丈折見方每層

長柒丈伍尺陸層共单長肆拾伍丈

加長貳丈伍尺徑陸寸簽樁壹根

廂墊伍層寬貳丈長伍丈伍尺折見方每層

長拾壹丈伍層共单長伍拾伍丈

加長貳丈伍尺徑陸寸簽樁壹根

廂墊肆層寬貳丈長伍丈伍尺折見方每

層長拾壹丈肆層共单長肆拾肆丈

加長貳丈伍尺徑陸寸簽樁壹根

廂墊伍層寬貳丈長伍丈伍尺折見方每

層長拾壹丈伍層共单長伍拾伍丈

加長貳丈伍尺徑陸寸簽樁壹根

柒月分

廂墊肆層寬貳丈長伍丈伍尺折見方每

層長拾壹丈肆層共单長肆拾肆丈

加長貳丈伍尺徑陸寸簽樁壹根

陸月分　第拾肆段

廂墊伍層寬貳丈長伍丈伍尺折見方

每層長拾壹丈伍層共单長伍拾伍丈

加長叁丈徑柒寸簽樁貳根

柒月分

廂墊肆層寬貳丈長伍丈伍尺折見方每

層長拾壹丈肆層共单長肆拾肆丈

加長貳丈伍尺徑陸寸簽樁壹根

陸月分　第拾伍段

廂墊肆層寬貳丈長伍丈伍尺折見方每

層長拾壹丈肆層共单長肆拾肆丈

柒月分

陸月分　第拾陸段

柒月分

陸月分　第拾柒段

加長叁丈　徑柒寸　簽樁叁根

廂墊肆層寬貳丈長伍丈伍尺折見方每

層長拾壹丈肆層共単長肆拾肆丈

加長貳丈伍尺徑陸寸簽樁壹根

廂墊肆層寬貳丈長陸丈折見方每層

長拾貳丈肆層共単長肆拾捌丈

加長叁丈　徑柒寸簽樁貳根

廂墊肆層寬貳丈長陸丈折見方每層長

拾貳丈肆層共単長肆拾捌丈

加長貳丈伍尺徑陸寸簽樁貳根

廂墊肆層寬貳丈長陸丈折見方每層長

拾貳丈肆層共単長肆拾捌丈

加長叁丈徑柒寸簽樁叁根

柒月分

廂墊肆層寬貳丈長陸丈折見方每層長
拾貳丈肆層共单長肆拾捌丈
加長貳丈伍尺徑陸寸簽樁貳根
每廂墊壹層寬壹丈長壹丈用
秫秸伍拾束每束連運價銀捌厘
雇夫貳名每名工價銀肆分
以上廂墊折見方共单長玖百捌拾玖丈貳尺
用秫秸肆萬玖千肆百陸拾束該銀叁
百玖拾伍兩陸錢捌分加長叁丈徑柒
寸樁木貳拾根每根連運價銀伍錢
伍分該銀拾壹兩加長貳丈伍尺徑陸
寸樁木拾伍根每根連運價銀肆錢
伍分該銀陸兩柒錢伍分雇夫壹千

玖百柒拾捌名該銀柒拾玖兩壹錢
貳分
共用銀肆百玖拾貳兩伍錢伍分
以上叁案搶修廂埽工程併加簽樁共用
銀壹千肆百肆拾肆兩陸錢壹分查南
岸上下頭貳叁工採辦秫秸
奏准每束加添運脚銀貳厘伍毫該工
計用秫秸拾肆萬肆千肆百柒拾柒束
半用運脚銀叁百陸拾壹兩壹錢玖
分叁厘柒毫伍絲

南岸肆工固安縣縣丞
一領銀柒百捌拾貳兩陸錢肆分肆厘
第肆號隄長壹百捌拾丈頂寬叁丈底寬柒丈高玖尺

陸月分

第壹段

廂墊柒層寬壹丈伍尺長肆丈伍尺折見方

每層長陸丈柒尺伍寸柒層共單長肆

拾柒丈貳尺伍寸

加長叁丈徑柒寸簽樁貳根

第貳段

廂墊捌層寬壹丈伍尺長肆丈伍尺折見

方每層長陸丈柒尺伍寸捌層共單

長伍拾肆丈

加長叁丈徑柒寸簽樁貳根

第叁段

廂墊玖層寬壹丈伍尺長肆丈伍尺折見方

每層長陸丈柒尺伍寸玖層共單長陸拾丈

零柒尺伍寸

加長貳丈伍尺徑陸寸簽樁貳根

第肆段

廂墊柒層寬壹丈肆尺長肆丈伍尺折見方

每層長陸丈叁尺柒層共單長肆拾肆丈壹尺

加長叁丈徑柒寸簽椿貳根

第伍段

廂墊玖層寬壹丈貳尺伍寸長肆丈伍尺折

見方每層長伍丈陸尺貳寸伍分玖層共

單長伍拾丈零陸尺貳寸伍分

加長叁丈徑柒寸簽椿壹根

加長貳丈伍尺徑陸寸簽椿壹根

第伍號隄長壹百捌拾丈頂寬叁丈底寬柒丈高玖尺

第壹段

廂墊陸層寬壹丈壹尺長伍丈玖尺折見

方每層長陸丈肆尺玖寸陸層共單長

叁拾捌丈玖尺肆寸

加長貳丈伍尺徑陸寸簽椿貳根

第貳段

廂墊玖層寬壹丈壹尺長伍丈捌尺折見方

每層長陸丈叁尺捌寸玖層共单長伍拾柒丈肆尺貳寸
加長叁丈徑柒寸簽椿貳根

第叁段

廂墊拾層寬壹丈貳尺長伍丈伍尺折見方每層長陸丈陸尺拾層共单長陸拾陸丈
加長叁丈徑柒寸簽椿貳根
加長貳丈伍尺徑陸寸簽椿壹根

第肆段

廂墊玖層寬壹丈壹尺伍寸長伍丈壹尺折見方每層長伍丈捌尺陸寸伍分玖層共单長伍拾貳丈柒尺捌寸伍分
加長貳丈伍尺徑陸寸簽椿壹根

第伍段

廂墊玖層寬壹丈貳尺長伍丈折見方每層長陸丈玖層共单長伍拾肆丈

第陸段

加長叁丈徑柒寸簽樁貳根

廂墊捌層寬壹丈貳尺長伍丈伍尺折見方每層長陸丈陸尺捌層共單長伍拾貳丈捌尺

第柒段

加長貳丈伍尺徑陸寸簽樁貳根

廂墊玖層寬壹丈貳尺長伍丈伍尺折見方每層長陸丈陸尺玖層共單長伍拾玖丈肆尺

第捌段

加長貳丈伍尺徑陸寸簽樁貳根

廂墊拾層寬壹丈貳尺長肆丈伍尺折見方每層長伍丈肆尺拾層共單長伍拾肆丈

加長貳丈伍尺徑陸寸簽樁貳根

第玖段

廂墊捌層寬壹丈貳尺長肆丈折見方每層長肆丈捌尺捌層共单長叁拾捌丈肆尺

加長叁丈徑柒寸簽樁貳根

第拾段

廂墊玖層寬壹丈壹尺長伍丈折見方每層長伍丈伍尺玖層共单長肆拾玖丈伍尺

加長叁丈徑柒寸簽樁貳根

第拾壹段

廂墊柒層寬壹丈壹尺長肆丈捌尺折見方每層長伍丈貳尺捌寸柒層共单長叁拾陸丈玖尺陸寸

加長叁丈徑柒寸簽樁貳根

每廂墊壹層寬壹丈長壹丈用

秫秸伍拾束每束連運價銀捌厘

雇夫貳名每名工價銀肆分

以上廂墊折見方共单長捌百壹拾陸丈玖尺叁寸用秫秸肆萬零捌百肆拾陸束半該銀叁百貳拾陸兩柒錢柒分貳厘加長叁丈徑柒寸椿木拾玖根每根連運價銀伍錢伍分該銀拾兩零肆錢伍分加長貳丈伍尺徑陸寸椿木拾叁根每根連運價銀肆錢伍分該銀伍兩捌錢伍分雇夫壹千陸百叁拾叁名半
該銀陸拾伍兩叁錢肆分
共用銀肆百零捌兩肆錢壹分貳厘

柒月分　第伍號　第拾貳段

廂墊捌層寬壹丈貳尺長伍丈折見
方每層長陸丈捌層共单長肆拾捌丈

加長貳丈伍尺徑陸寸簽樁貳根

第拾叁段

廂墊捌層寬壹丈壹尺長伍丈折見方每
層長伍丈伍尺捌層共单長肆拾肆丈
加長貳丈伍尺徑陸寸簽樁貳根

第拾肆段

廂墊玖層寬壹丈壹尺長伍丈折見方每
層長伍丈伍尺玖層共单長肆拾玖丈伍尺
加長貳丈伍尺徑陸寸簽樁貳根

第拾伍段

廂墊捌層寬壹丈長伍丈折見方每層
長伍丈捌層共单長肆拾丈
加長叁丈徑柒寸簽樁貳根

第拾陸段

廂墊柒層寬壹丈長伍丈折見方每
層長伍丈柒層共单長叁拾伍丈
加長叁丈徑柒寸簽樁貳根

第拾柒段

廂墊捌層寬壹丈長伍丈折見方每層長伍丈捌層共单長肆拾丈

加長叁丈徑柒寸簽樁貳根

第拾捌段

廂墊柒層寬壹丈長伍丈折見方每層長伍丈柒層共单長叁拾伍丈

加長貳丈伍尺徑陸寸簽樁貳根

第拾玖段

廂墊捌層寬壹丈長伍丈折見方每層長伍丈捌層共单長肆拾丈

加長貳丈伍尺徑陸寸簽樁貳根

第貳拾段

廂墊玖層寬壹丈長伍丈折見方每層長伍丈玖層共单長肆拾伍丈

加長貳丈伍尺徑陸寸簽樁貳根

第貳拾壹段

廂墊柒層寬壹丈長伍丈折見方每層長

伍丈柒層共单長叁拾伍丈
加長貳丈伍尺徑陸寸簽樁貳根

第貳拾貳段

廂墊捌層寬壹丈貳尺長伍丈折見方每
層長陸丈捌層共单長肆拾捌丈
加長叁丈徑柒寸簽樁貳根

第貳拾叁段

廂墊陸層寬壹丈貳尺長肆丈折見方每
層長肆丈捌尺陸層共单長貳拾捌丈捌尺
加長貳丈伍尺徑陸寸簽樁壹根

第貳拾肆段

廂墊玖層寬壹丈貳尺長伍丈折見方每
層長陸丈玖層共单長伍拾肆丈
加長叁丈徑柒寸簽樁貳根

第貳拾伍段

廂墊捌層寬壹丈貳尺長伍丈伍尺折見方
每層長陸丈陸尺捌層共单長伍拾貳丈捌尺

第貳拾陸叚

加長叁丈徑柒寸簽椿貳根

廂墊柒層寬壹丈貳尺長伍丈伍尺折見方每層長陸丈陸尺柒層共单長肆拾陸丈貳尺

加長貳丈伍尺徑陸寸簽椿貳根

第貳拾柒叚

廂墊捌層寬壹丈陸尺長伍丈折見方每層長捌丈捌層共单長陸拾肆丈

加長叁丈徑柒寸簽椿壹根

加長貳丈伍尺徑陸寸簽椿貳根

第貳拾捌叚

廂墊玖層寬壹丈叁尺長叁丈肆尺折見方每層長肆丈肆尺貳寸玖層共单長叁拾玖丈柒尺捌寸

加長貳丈伍尺徑陸寸簽椿貳根

每廂墊壹層寬壹丈長壹丈用

秫秸伍拾束每束連運價銀捌厘
雇夫貳名每名工價銀肆分
以上廂墊折見方共单長柒百肆拾伍丈零
捌寸用秫秸叁萬柒千貳百伍拾肆束
該銀貳百玖拾捌兩零叁分貳厘加長
叁丈徑柒寸樁木拾叁根每根連運
價銀伍錢伍分該銀柒兩壹錢伍分加
長貳丈伍尺徑陸寸樁木貳拾壹根每
根連運價銀肆錢伍分該銀玖兩肆
錢伍分雇夫壹千肆百玖拾名該銀
伍拾玖兩陸錢
共用銀叁百柒拾肆兩貳錢叁分貳厘
以上貳案搶修廂墊工程並加簽樁共用

銀柒百捌拾貳兩陸錢肆分肆厘

以上南岸伍汛搶修廂墊工程併加簽樁

共用銀玖千玖百貳拾伍兩查南岸上

下頭貳叁工採辦秫秸

奏准每束加添運脚銀貳厘伍毫該肆

汛計用秫秸玖拾萬零叁千零貳拾

捌束貳分伍厘用運脚銀貳千貳百

伍拾柒兩伍錢柒分零陸毫貳絲伍忽

以上南岸各汛前件各段廂墊工程併整

高層數均照冲卌大尺修做每層係

高壹尺其柴束不能合縫之處俱用

土築實合併聲明

三角淀通判屬

南岸伍工永清縣縣丞

一領銀壹千捌百捌拾肆兩壹錢

第捌號隄長壹百捌拾丈頂寬貳丈叁尺底寬捌丈高捌尺

第壹段

廂墊伍層寬壹丈叁尺長伍丈折見方每層

長陸丈伍尺伍層共單長叁拾貳丈伍尺

加長叁丈徑柒寸簽樁叁根

第貳段

廂墊伍層寬壹丈長肆丈伍尺折見方每層

長肆丈伍尺伍層共單長貳拾貳丈伍尺

加長貳丈伍尺徑陸寸簽樁叁根

第叁段

廂墊伍層寬壹丈長伍丈伍尺折見方每層

長伍丈伍尺伍層共單長貳拾柒丈伍尺

加長叁丈徑柒寸簽樁叁根

第肆段

廂墊伍層寬壹丈壹尺長肆丈伍尺折見方每層長肆丈玖尺伍寸伍層共單長貳拾肆丈柒尺伍寸

加長貳丈伍尺徑陸寸簽樁叁根

第伍段

廂墊伍層寬壹丈叁尺長肆丈折見方每層長伍丈貳尺伍層共單長貳拾陸丈

加長叁丈徑柒寸簽樁貳根

第陸段

廂墊伍層寬壹丈陸尺伍寸長伍丈伍尺折見方每層長玖丈柒寸伍分伍層共單長肆拾伍丈叁尺柒寸伍分

加長叁丈徑柒寸簽樁叁根

第柒段

廂墊伍層寬壹丈壹尺長叁丈折見方每層長叁丈叁尺伍層共單長拾陸丈伍尺

第捌段

加長貳丈伍尺徑陸寸簽樁貳根

廂墊伍層寬壹丈伍寸長伍丈折見方每層長伍丈貳尺伍寸伍層共單長貳拾陸丈貳尺伍寸

加長貳丈伍尺徑陸寸簽樁叁根

第玖號隄長壹百捌拾丈頂寬貳丈捌尺底寬玖丈高玖尺

第壹段

廂墊伍層寬壹丈壹尺長肆丈伍尺折見方每層長肆丈玖尺伍寸伍層共單長貳拾肆丈柒丈伍寸

加長貳丈伍徑陸寸簽樁叁根

第貳段

廂墊伍層寬壹丈壹尺長肆丈伍尺折見方每層長肆丈玖尺伍寸伍層共單長貳拾肆丈柒丈伍寸

第叁段

加長貳丈伍尺徑陸寸簽樁叁根
廂墊伍層寬壹丈貳尺長伍丈折見方每層
長陸丈伍層共单長叁拾丈

第肆段

加長貳丈伍尺徑陸寸簽樁叁根
廂墊伍層寬壹丈叁尺長肆丈伍尺折見方
每層長伍丈捌尺伍寸伍層共单長貳拾
玖丈貳尺伍寸

第伍段

加長貳丈伍尺徑陸寸簽樁叁根
廂墊伍層寬壹丈叁尺長伍丈伍尺折見方
每層長柒丈壹尺伍寸伍層共单長叁
拾伍丈柒尺伍寸

第陸段

加長叁丈徑柒寸簽樁叁根
廂墊伍層寬壹丈叁尺伍寸長伍丈伍尺折

見方每層長柒丈肆尺貳寸伍分伍層
共單長叁拾柒丈壹尺貳寸伍分
加長叁丈徑柒寸簽樁叁根

第柒段

廂墊伍層寬壹丈壹尺伍寸長肆丈伍尺折見
方每層長伍丈壹尺柒寸伍分伍層共單
長貳拾伍丈捌尺柒寸伍分
加長貳丈伍尺徑陸寸簽樁叁根

第捌段

廂墊伍層寬玖尺伍寸長貳丈伍尺折見方
每層長貳丈叁尺柒寸伍分伍層共單長
拾壹丈捌尺柒寸伍分
加長貳丈伍尺徑陸寸簽樁貳根

第玖段

廂墊伍層寬壹丈壹尺伍寸長肆丈伍尺折見
方每層長伍丈壹尺柒寸伍分伍層共單

長貳拾伍丈捌尺柒寸伍分

加長貳丈伍尺徑陸寸簽樁叁根

第拾段

廂墊伍層寬壹丈叁尺長陸丈折見方每層

長柒丈捌尺伍層共單長叁拾玖丈

加長叁丈徑柒寸簽樁貳根

加長貳丈伍尺徑陸寸簽樁貳根

第拾號隄長壹百捌拾丈頂寬貳丈伍尺底寬捌丈高壹丈

第壹段

廂墊伍層寬壹丈長肆丈柒尺折見方每層

長肆丈柒尺伍層共單長貳拾叁丈伍尺

加長貳丈伍尺徑陸寸簽樁叁根

第貳段

廂墊伍層寬壹丈長肆丈伍尺折見方每層

長肆丈伍尺伍層共單長貳拾貳丈伍尺

加長貳丈伍尺徑陸寸簽樁叁根

第叁段

廂墊伍層寬壹丈壹尺長肆丈肆尺折見方每層長肆丈捌尺肆寸伍層共单長貳拾肆丈貳尺

加長貳丈伍尺徑陸寸簽樁叁根

第肆段

廂墊伍層寬壹丈貳尺長肆丈叁尺折見方每層長伍丈壹尺陸寸伍層共单長貳拾伍丈捌尺

加長貳丈伍尺徑陸寸簽樁叁根

第伍段

廂墊伍層寬壹丈壹尺長伍丈折見方每層長伍丈伍尺伍層共单長貳拾柒丈伍尺

加長貳丈伍尺徑陸寸簽樁叁根

第陸段

廂墊伍層寬壹丈貳尺長伍丈伍尺折見方每層長陸丈陸尺伍層共单長叁拾

叁丈

加長叁丈徑柒寸簽樁叁根

第拾叁號隄長壹百捌拾丈頂寬貳丈叁尺底寬柒丈伍尺高壹丈伍尺

第壹段

廂墊伍層寬壹丈長肆丈折見方每層長

肆丈伍層共草長貳拾丈

加長叁丈徑柒寸簽樁貳根

第貳段

廂墊伍層寬壹丈叁尺伍寸長伍丈折見方

每層長陸丈柒尺伍寸伍層共草長叁

拾叁丈柒尺伍寸

加長貳丈伍尺徑陸寸簽樁叁根

第叁段

廂墊伍層寬壹丈陸尺伍寸長肆丈伍尺折

見方每層長柒丈肆尺貳寸伍分伍層共

草長叁拾柒丈壹尺貳寸伍分

第肆段

加長貳丈伍尺徑陸寸簽椿叁根
廂墊伍層寬壹丈叁尺長肆丈伍尺折見
方每層長伍丈捌尺伍寸伍層共单長貳
拾玖丈貳尺伍寸

第伍段

加長貳丈伍尺徑陸寸簽椿叁根
廂墊伍層寬壹丈長叁丈伍尺折見方每層
長叁丈伍尺伍層共单長拾柒丈伍尺

第陸段

加長貳丈伍尺徑陸寸簽椿貳根
廂墊伍層寬壹丈壹尺長肆丈伍尺折見方
每層長肆丈玖尺伍寸伍層共单長貳
拾肆丈柒尺伍寸

第柒段

加長貳丈伍尺徑陸寸簽椿叁根
廂墊伍層寬壹丈壹尺長肆丈伍尺折見方每

層長肆丈玖尺伍寸伍層共單長貳拾肆
丈柒尺伍寸
加長貳丈伍尺徑陸寸簽樁叁根

第捌段

廂墊伍層寬壹丈壹尺長伍丈折見方每層
長伍丈伍尺伍層共單長貳拾柒丈伍尺
加長貳丈伍尺徑陸寸簽樁叁根
每廂墊壹層寬壹丈長壹丈用
秫秸伍拾束每束連運價銀捌厘
夫貳名每名工價銀肆分
以上廂墊折見方共單長捌百柒拾陸丈柒尺伍寸
用秫秸肆萬叁千捌百叁拾柒束半用銀叁
百伍拾兩柒錢加長叁丈徑柒寸樁木貳拾肆根
每根連運價銀伍錢伍分用銀拾叁兩貳錢

加長貳丈伍尺徑陸寸樁木陸拾捌根每根連

運價銀肆錢伍分用銀叁拾兩陸錢22夫壹

千柒百伍拾叁名用銀柒拾兩壹錢貳分

共用銀肆百陸拾肆兩陸錢貳分

以上搶修廂埽工程併加簽樁共用銀肆百陸拾肆兩

陸錢貳分

第拾肆號堤長壹百捌拾丈頂寬叁丈底寬柒丈高捌尺

第壹段

廂埽伍層寬壹丈貳尺長叁丈折見方每層長

叁丈陸尺伍層共單長拾捌丈

加長貳丈伍尺徑陸寸簽樁貳根

第貳段

廂埽伍層寬壹丈肆尺伍寸長伍丈折見方

每層長柒丈貳尺伍寸伍層共單長叁

拾陸丈貳尺伍寸

第叁段

加長叁丈徑柒寸簽樁叁根
廂埽伍層寬壹丈陸尺伍寸長肆丈折見方
每層長陸丈陸尺伍層共單長叁拾叁丈

第肆段

加長叁丈徑柒寸簽樁貳根
廂埽伍層寬壹丈捌尺伍寸長伍丈折見
方每層長玖丈貳尺伍寸伍層共單長
肆拾陸丈貳尺伍寸

第伍段

加長叁丈徑柒寸簽樁叁根
廂埽陸層寬壹丈伍尺長伍丈折見方每層
長柒丈伍尺陸層共單長肆拾伍丈

第陸段

加長叁丈徑柒寸簽樁叁根
廂埽陸層寬壹丈貳尺長伍丈折見方每層
長陸丈陸層共單長叁拾陸丈

第柒段

加長叁丈徑柒寸簽樁叁根

廂墊陸層寬壹丈捌尺長伍丈折見方每層

長玖丈陸層共卑長伍拾肆丈

第捌段

加長叁丈徑柒寸簽樁叁根

廂墊陸層寬壹丈伍尺長叁丈折見方每層長

肆丈伍尺陸層共卑長貳拾柒丈

第玖段

加長叁丈徑柒寸簽樁貳根

廂墊伍層寬壹丈玖尺長肆丈折見方每層

長柒丈陸尺伍層共卑長叁拾捌丈

第拾段

加長叁丈徑柒寸簽樁貳根

廂墊伍層寬壹丈陸尺長伍丈折見方每層

長捌丈伍層共卑長肆拾丈

加長叁丈徑柒寸簽樁叁根

第拾壹

廂墊伍層寬壹丈壹尺伍寸長肆丈折見方
每層長肆丈陸尺伍層共單長貳拾叁丈
加長叁丈徑柒寸簽樁貳根

第拾貳段

廂墊伍層寬壹丈肆尺伍寸長肆丈伍尺折
見方每層長陸丈伍尺貳寸伍分伍層共
單長叁拾貳丈陸尺貳寸伍分
加長貳丈伍尺徑陸寸簽樁叁根

第拾叁段

廂墊伍層寬壹丈伍尺長肆丈折見方每層
長陸丈伍層共單長叁拾丈
加長叁丈徑柒寸簽樁貳根

第拾肆段

廂墊伍層寬壹丈伍尺長伍丈折見方每
層長柒丈伍尺伍層共單長叁拾柒
丈伍尺

第拾伍段

加長叁丈徑柒寸簽樁叁根

廂墊伍層寬壹丈陸尺長肆丈伍尺折見方每層長柒丈貳尺伍層共单長叁拾陸丈

第拾陸段

加長貳丈伍尺徑陸寸簽樁叁根

廂墊伍層寬壹丈陸尺長肆丈伍尺折見方每層長柒丈貳尺伍層共单長叁拾陸丈

第拾柒段

加長貳丈伍尺徑陸寸簽樁叁根

廂墊伍層寬壹丈陸尺長肆丈折見方每層長陸丈肆尺伍層共单長叁拾貳丈

第拾捌段

加長叁丈徑柒寸簽樁貳根

廂墊伍層寬壹丈叁尺長陸丈折見方每層長柒丈捌尺伍層共单長叁拾玖丈

加長叁丈徑柒寸簽椿貳根

加長貳丈伍尺徑陸寸簽椿貳根

第拾玖段

廂埽伍層寬壹丈伍尺長伍丈折見方每層長柒丈伍尺伍層共單長叁拾柒丈伍尺

加長叁丈徑柒寸簽椿叁根

第貳拾段

廂埽伍層寬貳丈長伍丈折見方每層長拾丈伍層共單長伍拾丈

加長叁丈徑柒寸簽椿叁根

第貳拾壹段

廂埽伍層寬貳丈長伍丈折見方每層長拾丈伍層共單長伍拾丈

加長叁丈徑柒寸簽椿叁根

第貳拾貳段

廂埽伍層寬壹丈陸尺長陸丈折見方每層長玖丈陸尺伍層共單長肆拾捌丈

第貳拾叁段

第貳拾肆段

第貳拾伍段

加長叁丈徑柒寸簽椿貳根
加長貳丈伍尺徑陸寸簽椿貳根
廂埽伍層寬壹丈壹尺長肆丈伍尺折見方
每層長肆丈玖尺伍寸伍層共單長貳
拾肆丈柒尺伍寸
加長貳丈伍尺徑陸寸簽椿叁根
廂埽伍層寬壹丈壹尺長肆丈折見方每層
長肆丈肆尺伍層共單長貳拾貳丈
加長叁丈徑柒寸簽椿貳根
廂埽伍層寬壹丈貳尺長陸丈折見方每層長
柒丈貳尺伍層共單長叁拾陸丈
加長叁丈徑柒寸簽椿貳根
加長貳丈伍尺徑陸寸簽椿貳根

第貳拾陸段

廂墊伍層寬壹丈貳尺長伍丈折見方每層

長陸丈伍 層共單長叁拾丈

加長叁丈徑柒寸簽椿叁根

每廂墊壹層寬壹丈長壹丈用

秫秸伍拾束每束連運價銀捌厘

夫貳名每名價銀肆分

以上廂墊折見方共單長玖百叁拾柒丈捌尺柒寸伍分用秫秸肆萬陸千捌百玖拾叁束柒分伍厘用銀叁百柒拾伍兩壹錢伍分加長叁丈徑柒寸椿木伍拾叁根每根連運價銀伍錢伍分用銀貳拾玖兩壹錢伍分加長貳丈伍尺徑陸寸椿木貳拾根每根連運價銀肆錢伍分用銀玖兩僱夫壹千捌百柒拾伍

各半用銀柒拾伍兩零貳分

共用銀肆百捌拾捌兩叁錢貳分

以上搶修廂墊工程併加簽樁共用銀肆百捌拾

捌兩叁錢貳分

第拾肆號

第貳拾柒段

廂墊伍層寬壹丈貳尺長伍丈折見方每層

長陸丈伍層共單長叁拾丈

加長貳丈伍尺徑陸寸簽樁叁根

第貳拾捌段

廂墊伍層寬壹丈陸尺長伍丈折見方每層長

捌丈伍層共單長肆拾丈

加長貳丈伍尺徑陸寸簽樁叁根

第貳拾玖段

廂墊伍層寬壹丈陸尺長伍丈折見方每層長

捌丈伍層共單長肆拾丈

第叁拾段

第叁拾壹段

第叁拾貳段

加長貳丈伍尺徑陸寸簽椿叁根
廂墊伍層寬壹丈叁尺長柒丈伍尺折見方每
層長玖丈柒尺伍寸伍層共单長肆拾捌丈
柒尺伍寸
加長叁丈徑柒寸簽椿肆根
廂墊伍層寬壹丈柒尺長陸丈折見方每層
長拾丈貳尺伍層共单長伍拾壹丈
加長叁丈徑柒寸簽椿貳根
加長貳丈伍尺徑陸寸簽椿貳根
廂墊伍層寬壹丈柒尺長伍丈折見方每層
長捌丈伍尺伍層共单長肆拾貳丈
伍尺
加長叁丈徑柒寸簽椿叁根

第叁拾叁段

廂墊伍層寬壹丈柒尺長陸丈折見方每層
長拾丈貳尺伍層共單長伍拾壹丈
加長叁丈徑柒寸簽樁貳根
加長貳丈伍尺徑陸寸簽樁貳根

第叁拾肆段

廂墊伍層寬壹丈肆尺長伍丈伍尺折見
方每層長柒丈柒尺伍層共單長叁拾
捌丈伍尺
加長叁丈徑柒寸簽樁叁根

第叁拾伍段

廂墊伍層寬壹丈陸尺長伍丈折見方每層
長捌丈伍層共單長肆拾丈
加長叁丈徑柒寸簽樁叁根

第叁拾陸段

廂墊伍層寬壹丈玖尺長伍丈折見方每層
長玖丈伍尺伍層共單長肆拾柒丈伍尺

加長叁丈徑柒寸簽樁叁根

第拾伍號堤長壹百捌拾丈頂寬叁丈底寬柒丈伍尺高玖尺

第壹段

廂墊伍層寬壹丈壹尺伍寸長肆丈伍尺折見方每層長伍丈壹尺柒寸伍分伍層共單長貳拾伍丈捌尺柒寸伍分

加長貳丈伍尺徑陸寸簽樁叁根

第貳段

廂墊伍層寬壹丈壹尺長伍丈伍尺折見方每層長陸丈零伍寸伍層共單長叁拾丈貳尺伍寸

加長叁丈徑柒寸簽樁叁根

第叁段

廂墊伍層寬壹丈長伍丈折見方每層長伍丈伍層共單長貳拾伍丈

加長貳丈伍尺徑陸寸簽樁叁根

第肆段

廂墊伍層寬壹丈長伍丈折見方每層長伍丈伍層共单長貳拾伍丈

加長貳丈伍尺徑陸寸簽樁叁根

第伍段

廂墊伍層寬壹丈貳尺伍寸長肆丈折見方每層長伍丈伍層共单長貳拾伍丈

加長叁丈徑柒寸簽樁貳根

第陸段

廂墊伍層寬壹丈叁尺長陸丈折見方每層長柒丈捌尺伍層共单長叁拾玖丈

加長叁丈徑柒寸簽樁貳根

加長貳丈伍尺徑陸寸簽樁貳根

第柒段

廂墊伍層寬壹丈貳尺長伍丈折見方每層長陸丈伍層共单長叁拾丈

加長貳丈伍尺徑陸寸簽樁叁根

第捌段

廂墊伍層寬壹丈貳尺長伍丈折見方每
層長陸丈伍層共单長叁拾丈
加長貳丈伍尺徑陸寸簽樁叁根

第玖段

廂墊伍層寬壹丈陸尺長肆丈伍尺折見方
每層長柒丈貳尺伍層共单長叁拾陸丈
加長貳丈伍尺徑陸寸簽樁叁根

第拾段

廂墊伍層寬壹丈陸尺長陸丈折見方每層
長玖丈陸尺伍層共单長肆拾捌丈
加長叁丈徑柒寸簽樁貳根
加長貳丈伍尺徑陸寸簽樁貳根

第拾壹段

廂墊伍層寬壹丈陸尺長伍丈伍尺折見方每
層長捌丈捌尺伍層共单長肆拾肆丈
加長叁丈徑柒寸簽樁叁根

第拾貳段

廂墊伍層寬壹丈柒尺長伍丈折見方每
層長捌丈伍尺伍層共單長肆拾貳
丈伍尺
加長貳丈伍尺徑陸寸簽樁叁根

第拾叁段

廂墊伍層寬壹丈陸尺長伍丈折見方每層
長捌丈伍層共單長肆拾丈
加長貳丈伍尺徑陸寸簽樁叁根
每廂墊壹層寬壹丈長壹丈用
秫秸伍拾束每束連運價銀捌厘
夫貳名每名工價銀肆分
以上廂墊折見方共單長捌百陸拾玖丈捌尺柒寸
伍分用秫秸肆萬叁千肆百玖拾叁束柒分
伍厘用銀叁百肆拾柒兩玖錢伍分加長

叁丈徑柒寸樁木叁拾貳根每根連運價
銀伍錢伍分用銀拾柒兩陸錢加長貳丈伍
尺徑陸寸樁木肆拾壹根每根連運價銀肆
錢伍分用銀拾捌兩肆錢伍分僱夫壹千柒
百叁拾玖名半用銀陸拾玖兩伍錢捌分

共用銀肆百伍拾叁兩伍錢捌分

以上搶修廂埽工程併加簽樁共用銀肆百伍拾叁
兩伍錢捌分

第拾伍號

第拾肆段

廂埽伍層寬壹丈陸尺長陸丈折見方每
層長玖丈陸尺伍層共單長肆拾捌丈
加長叁丈徑柒寸簽樁貳根
加長貳丈伍尺徑陸寸簽樁貳根

第拾伍段

廂墊伍層寬壹丈陸尺長伍丈折見方每層
長捌丈伍層共单長肆拾丈
加長叁丈徑柒寸簽樁叁根

第拾陸段

廂墊伍層寬壹丈陸尺長陸丈折見方每層
長玖丈陸尺伍層共单長肆拾捌丈
加長叁丈徑柒寸簽樁貳根
加長貳丈伍尺徑陸寸簽樁貳根

第拾柒段

廂墊伍層寬壹丈貳尺長伍丈折見方每
層長陸丈伍層共单長叁拾丈
加長貳丈伍尺徑陸寸簽樁叁根

第拾捌段

廂墊伍層寬壹丈貳尺長陸丈折見方每
層長柒丈貳尺伍層共单長叁拾陸丈
加長叁丈徑柒寸簽樁貳根

第拾玖段

加長貳丈伍尺徑陸寸簽樁貳根

廂墊伍層寬壹丈長陸丈伍尺折見方每層長陸丈伍尺伍層共单長叁拾貳丈伍尺

第貳拾段

加長叁丈徑柒寸簽樁貳根

加長貳丈伍尺徑陸寸簽樁貳根

廂墊伍層寬壹丈長伍丈伍尺折見方每層長伍丈伍尺伍層共单長貳拾柒丈伍尺

第貳拾壹段

加長叁丈徑柒寸簽樁叁根

廂墊伍層壹丈長伍丈折見方每層長伍丈伍層共单長貳拾伍丈

加長貳丈伍尺徑陸寸簽樁叁根

第貳拾貳段

廂墊伍層寬壹丈長伍丈折見方每層長伍丈伍層共單長貳拾伍丈

加長貳丈伍尺徑陸寸簽樁叁根

第貳拾叁段

廂墊伍層寬壹丈長伍丈折見方每層長伍丈伍層共單長貳拾伍丈

加長貳丈伍尺徑陸寸簽樁叁根

第貳拾肆段

廂墊伍層寬壹丈長伍丈折見方每層長伍丈伍層共單長貳拾伍丈

加長貳丈伍尺徑陸寸簽樁叁根

第貳拾伍段

廂墊伍層寬壹丈長伍丈折見方每層長伍丈伍層共單長貳拾伍丈

加長貳丈伍尺徑陸寸簽樁叁根

第貳拾陸段

廂墊伍層寬壹丈長伍丈折見方每層長

伍丈伍層共单長貳拾伍丈

第貳拾柒段

加長貳丈伍尺徑陸寸簽椿叁根
廂墊伍層寬壹丈長伍丈折見方每層長
伍丈伍層共单長貳拾伍丈

第貳拾捌段

加長貳丈伍尺徑陸寸簽椿叁根
廂墊伍層寬壹丈長伍丈折見方每層長
伍丈伍層共单長貳拾伍丈

第貳拾玖段

加長貳丈伍尺徑陸寸簽椿叁根
廂墊伍層寬壹丈長伍丈折見方每層長
伍丈伍層共单長貳拾伍丈

第叁拾段

加長貳丈伍尺徑陸寸簽椿叁根
廂墊伍層寬壹丈長伍丈折見方每層長
伍丈伍層共单長貳拾伍丈

第叁拾壹段

加長貳丈伍尺徑陸寸簽樁叁根

廂墊伍層寬壹丈叁尺長肆丈伍尺折見方每層長伍丈捌尺伍寸伍層共單長貳拾玖丈貳尺伍寸

第叁拾貳段

加長貳丈伍尺徑陸寸簽樁叁根

廂墊伍層寬壹丈壹尺長伍丈折見方每層長伍丈伍尺伍層共單長貳拾柒丈伍尺

第叁拾叁段

加長貳丈伍尺徑陸寸簽樁叁根

廂墊伍層寬壹丈壹尺長伍丈折見方每層長伍丈伍尺伍層共單長貳拾柒丈伍尺

加長貳丈伍尺徑陸寸簽樁叁根

第叁拾肆段

廂墊伍層寬壹丈長肆丈伍尺折見方每層長肆丈伍尺伍層共單長貳拾貳丈伍尺

加長貳丈伍尺徑陸寸簽椿叁根

第叁拾伍段

廂墊伍層寬壹丈長肆丈伍尺折見方每層長肆丈伍尺伍層共單長貳拾貳丈伍尺

加長貳丈伍尺徑陸寸簽椿叁根

第拾陸號隄長壹百捌拾丈頂寬叁丈底寬柒丈高壹丈

第壹段

廂墊伍層寬壹丈貳尺伍寸長肆丈伍尺折見方每層長伍丈陸尺貳寸伍分伍層共單長貳拾捌丈壹尺貳寸伍分

加長貳丈伍尺徑陸寸簽椿叁根

第貳段

廂墊伍層寬壹丈叁尺長伍丈折見方每層長陸丈伍尺伍層共單長叁拾貳丈伍尺

第叁段

加長貳丈伍尺徑陸寸簽椿叁根

廂墊伍層寬壹丈肆尺長肆丈折見方每層長伍丈陸尺伍層共单長貳拾捌丈

第肆段

加長叁丈徑柒寸簽椿貳根

廂墊伍層寬壹丈肆尺長伍丈折見方每層長柒丈伍層共单長叁拾伍丈

第伍段

加長貳丈伍尺徑陸寸簽椿叁根

廂墊伍層寬柒尺長叁丈貳尺折見方每層長貳丈貳尺肆寸伍層共单長拾壹丈貳尺

第陸段

加長貳丈伍尺徑陸寸簽椿貳根

廂墊伍層寬壹丈長伍丈折見方每層長伍丈伍層共单長貳拾伍丈

加長貳丈伍尺徑陸寸簽椿叁根

第柒段

廂墊伍層寬壹丈肆尺伍寸長肆丈伍尺
折見方每層長陸丈伍尺貳寸伍分伍層共
單長叁拾貳丈陸尺貳寸伍分
加長貳丈伍尺徑陸寸簽樁叁根

第捌段

廂墊伍層寬壹丈肆尺伍寸長肆丈伍尺折
見方每層長陸丈伍尺貳寸伍分伍層共
單長叁拾貳丈陸尺貳寸伍分
加長貳丈伍尺徑陸寸簽樁叁根

第玖段

廂墊伍層寬壹丈肆尺伍分長伍丈折見方
每層長柒丈貳尺伍寸伍層共單長叁拾
陸丈貳尺伍寸
加長貳丈伍尺徑陸寸簽樁叁根
每廂墊壹層寬壹丈長壹丈用

秫秸伍拾束每束連運價銀捌厘

夫貳名每名工價銀肆分

以上廂埽折見方共单長玖百零貳丈伍尺柒寸

伍分用秫秸　肆萬伍千壹百貳拾捌

束柒分伍厘用銀叁百陸拾壹兩零叁分

加長叁丈徑柒寸椿木拾陸根每根連運價

銀伍錢伍分用銀捌兩捌錢加長貳丈伍尺徑

陸寸椿木柒拾玖根每根連運價銀肆錢伍

分用銀叁拾伍兩伍錢伍分僱夫壹千捌百

零伍名用銀柒拾貳兩貳錢

共用銀肆百柒拾柒兩伍錢捌分

以上搶修廂埽工程併加簽椿共用銀肆百柒拾柒

兩伍錢捌分

以上肆案搶修廂埽工程併加簽椿共用銀壹千

捌百捌拾肆兩壹錢

南岸六工霸州州判

一領銀陸百壹拾伍兩玖錢

頭號堤長壹百捌拾丈頂寬叁丈伍尺底寬玖丈高壹丈

第壹段

廂埽陸層寬壹丈長伍丈折見方每層長伍

丈陸層共單長叁拾丈

加長叁丈徑柒寸簽椿叁根

第貳段

廂埽陸層寬壹丈長伍丈折見方每層長伍

丈陸層共單長叁拾丈

加長叁丈徑柒寸簽椿叁根

第叁段

廂埽陸層寬壹丈長伍丈折見方每層長

伍丈陸層共單長叁拾丈

第肆段

加長叁丈徑柒寸簽樁壹根

加長貳丈伍尺徑陸寸簽樁貳根

廂墊陸層寬壹丈長伍丈折見方每層長
伍丈陸層共單長叁拾丈

第伍段

加長叁丈徑柒寸簽樁壹根

加長貳丈伍尺徑陸寸簽樁貳根

廂墊陸層寬壹丈長伍丈折見方每層長
伍丈陸層共單長叁拾丈

第陸段

加長叁丈徑柒寸簽樁壹根

加長貳丈伍尺徑陸寸簽樁貳根

廂墊陸層寬壹丈貳尺長捌丈折見方每
層長玖丈陸尺陸層共單長伍拾柒丈
陸尺

第柒段

第捌段

第玖段

加長叁丈徑柒寸簽椿肆根

廂墊陸層寬壹丈貳尺長陸丈折見方每

層長柒丈貳尺陸層共單長肆拾叁

丈貳尺

加長貳丈伍尺徑陸寸簽椿肆根

廂墊陸層寬壹丈貳尺長伍丈伍尺折見方

每層長陸丈陸尺陸層共單長叁拾玖

丈陸尺

加長叁丈徑柒寸簽椿叁根

廂墊陸層寬壹丈貳尺長肆丈伍尺折見

方每層長伍丈肆尺陸層共單長叁拾

貳丈肆尺

加長貳丈伍尺徑陸寸簽椿叁根

第拾段

廂墊陸層寬壹丈貳尺長伍丈伍尺折見方每層長陸丈陸尺陸層共單長叁拾玖丈陸尺

加長叁丈徑柒寸簽樁叁根

第拾壹段

廂墊陸層寬壹丈貳尺長伍丈折見方每層長陸丈陸層共單長叁拾陸丈

加長叁丈徑柒寸簽樁壹根

加長貳丈伍尺徑陸寸簽樁貳根

第拾貳段

廂墊陸層寬壹丈貳尺長伍丈伍尺折見方每層長陸丈陸尺陸層共單長叁拾玖丈陸尺

加長叁丈徑柒寸簽樁叁根

第拾叁段

廂墊陸層寬壹丈貳尺長陸丈折見方每層

長柒丈貳尺陸層共單長肆拾叁丈貳尺

第拾肆段

加長貳丈伍尺徑陸寸簽樁肆根
廂墊陸層寬壹丈叁尺長伍丈折見方每層長
陸丈伍尺陸層共單長叁拾玖丈

第拾伍段

加長叁丈徑柒寸簽樁叁根
廂墊陸層寬壹丈叁尺長伍丈折見方每
層長陸丈伍尺陸層共單長叁拾玖丈

第拾陸段

加長叁丈徑柒寸簽樁叁根
廂墊陸層寬壹丈叁尺長伍丈折見方每層
長陸丈伍尺陸層共單長叁拾玖丈

第拾柒段

加長叁丈徑柒寸簽樁叁根
廂墊陸層寬壹丈叁尺長伍丈折見方每
層長陸丈伍尺陸層共單長叁拾玖丈

第拾捌段

加長叁丈徑柒寸簽樁叁根
廂墊陸層寬壹丈叁尺長陸丈折見方每
層長柒丈捌尺陸層共單長肆拾陸丈
捌尺

第拾玖段

加長叁丈徑柒寸簽樁貳根
加長貳丈伍尺徑陸寸簽樁貳根
廂墊陸層寬壹丈叁尺長陸丈折見方每
層長柒丈捌尺陸層共單長肆拾陸丈
捌尺

第貳拾段

加長叁丈徑柒寸簽樁貳根
加長貳丈伍尺徑陸寸簽樁貳根
廂墊伍層寬壹丈叁尺長伍丈折見方每層
長陸丈伍尺伍層共單長叁拾貳丈伍尺

第貳拾壹段

加長叁丈徑柒寸簽樁壹根
加長貳丈伍尺徑陸寸簽樁貳根
廂墊伍層寬壹丈叁尺長伍丈折見方每層
長陸丈伍尺伍層共單長叁拾貳丈伍尺

第貳拾貳段

加長叁丈徑柒寸簽樁貳根
加長貳丈伍尺徑陸寸簽樁壹根
廂墊伍層寬壹丈肆尺長伍丈折見方每層
長柒丈伍層共單長叁拾伍丈

第貳拾叁段

加長貳丈伍尺徑陸寸簽樁叁根
廂墊伍層寬壹丈肆尺長伍丈折見方每
層長柒丈伍層共單長叁拾伍丈
加長貳丈伍尺徑陸寸簽樁叁根
每廂墊壹層寬壹丈長壹丈用

秫秸伍拾束每束連運價銀捌厘
夫貳名每名工價銀肆分
以上廂墊折見方共單長捌百陸拾伍丈捌尺用
秫秸肆萬叁千貳百玖拾束用銀叁百肆
拾陸兩叁錢貳分加長叁丈徑柒寸樁木肆
拾貳根每根連運價銀伍錢伍分用銀貳拾
叁兩壹錢加長貳丈伍尺徑陸寸樁木叁拾
貳根每根連運價銀肆錢伍分用銀拾肆
兩肆錢雇夫壹千柒百叁拾壹名半用銀
陸拾玖兩貳錢陸分
共用銀肆百伍拾叁兩零捌分
以上搶修廂墊工程併加簽樁共用銀肆百伍拾
叁兩零捌分

第拾肆號隄長壹百捌拾丈頂寬叁丈貳尺底寬捌尺高壹丈肆尺伍寸

第壹段

廂墊伍層寬壹丈叁尺長肆丈折見方每層長伍丈貳尺伍層共單長貳拾陸丈

加長貳丈伍尺徑陸寸簽樁貳根

第貳段

廂墊肆層寬壹丈貳尺伍寸長伍丈肆尺折見方每層長陸丈柒尺伍寸肆層共單長貳拾柒丈

加長貳丈伍尺徑陸寸簽樁叁根

第叁段

廂墊伍層寬壹丈肆尺長肆丈叁尺折見方每層長陸丈零貳寸伍層共單長叁拾丈壹尺

加長貳丈伍尺徑陸寸簽樁貳根

第肆段

廂墊陸層寬壹丈叁尺長貳丈折見方每層

長貳丈陸尺陸層共單長拾伍丈陸尺

加長叁丈徑柒寸簽樁壹根

第伍段

廂墊伍層寬壹丈貳尺伍寸長肆丈壹尺

折見方每層長伍丈壹尺貳寸伍分伍層

共單長貳拾伍丈陸尺貳寸伍分

加長叁丈徑柒寸簽樁貳根

第陸段

廂墊伍層寬壹丈伍寸長叁丈伍尺折見

方每層長叁丈陸尺柒寸伍分伍層共單

長拾捌丈叁尺柒寸伍分

加長貳丈伍尺徑陸寸簽樁貳根

第柒段

廂墊伍層寬壹丈伍寸長肆丈伍尺折見

方每層長肆丈柒尺貳寸伍分伍層共

單長貳拾叁丈陸尺貳寸伍分

第捌段

加長貳丈伍尺徑陸寸簽椿叁根

廂埽伍層寬壹丈伍寸長叁丈伍尺折見方每層長叁丈陸尺柒寸伍分伍層共单長拾捌丈叁尺柒寸伍分

第玖段

加長貳丈伍尺徑陸寸簽椿貳根

廂埽伍層寬玖尺伍寸長肆丈貳尺折見方每層長叁丈玖尺玖寸伍層共单長拾玖丈玖尺伍寸

第拾段

加長叁丈徑柒寸簽椿貳根

廂埽陸層寬柒尺伍寸長肆丈柒尺折見方每層長叁丈伍尺貳寸伍分陸層共单長貳拾壹丈壹尺伍寸

加長貳丈伍尺徑陸寸簽椿叁根

第拾壹段

廂墊伍層寬捌尺長叄丈伍尺折見方每層
長貳丈捌尺伍層共單長拾肆丈
加長貳丈伍尺徑陸寸簽樁貳根

第拾貳段

廂墊伍層寬壹丈壹尺伍寸長肆丈折見方
每層長肆丈陸尺伍層共單貳拾叄丈
加長叄丈徑柒寸簽樁貳根

第拾叄段

廂墊伍層寬壹丈長伍丈折見方每層長
伍丈伍層共單長貳拾伍丈
加長貳丈伍尺徑陸寸簽樁叄根

第拾肆段

廂墊肆層寬壹丈長伍丈折見方每層長
伍丈肆層共單長貳拾丈
加長貳丈伍尺徑陸寸簽樁叄根

每廂墊壹層寬壹丈長壹丈用

秫秸伍拾束每束連運價銀捌厘

夫貳名每名工價銀肆分

以上廂墊折見方共單長叁百零柒丈捌尺用

秫秸壹萬伍千叁百玖拾束用銀壹百貳拾

叁兩壹錢貳分加長叁丈[illegible]柒寸椿木柒根

每根連運價銀伍錢伍分用銀[illegible]捌錢

伍分加長貳丈伍尺徑陸寸椿木貳拾伍根每

根連運價銀肆錢伍分用銀拾壹兩貳錢伍

分僱夫陸百壹拾伍名用銀貳拾肆兩陸錢

共用銀壹百陸拾貳兩捌錢貳分

以上搶修廂墊工程併加簽椿共用銀壹百陸拾貳

兩捌錢貳分

以上貳案搶修廂墊工程併加簽椿共用銀陸百壹拾

伍兩玖錢

前件廂墊工程併墊高層數均照沖坍丈尺修做

每層係高壹尺其柴束不能合縫之處

俱用土築實合併聲明

以上南岸伍陸兩汛搶修廂墊工程併加簽樁共用銀

貳千伍百兩

以上南岸暨三角淀各汛搶修廂墊工程并加簽樁共用

銀壹萬貳千肆百貳拾伍兩又上[illegible]

結運脚銀貳千貳百伍拾[illegible]仕錢柒分零

陸毫貳絲伍忽

光緒拾伍年正月貳拾貳日

永定河南岸霸州良鄉涿州固安光緒十六年修工造冊

署永定河南岸同知夏人傑

呈今將南岸伍汛估辦光緒拾陸年備防廂埽工程需用秸料銀兩數目理合

彙造估冊呈送須至冊者

計呈

南岸頭工工汛霸州州同

第拾伍號隄長壹百捌拾丈頂寬貳丈伍尺底寬柒丈伍尺高捌尺

第壹段　廂埽貳拾層寬壹丈壹尺長伍丈叁尺折見方每層長伍丈捌

尺叁寸貳拾層共單長壹百拾陸丈陸尺

第貳段　廂埽拾玖層寬壹丈長肆丈折見方每層長肆丈拾玖層

共單長柒拾陸丈

第叁段　廂埽拾捌層寬壹丈壹尺長叁丈伍尺折見方每層長叁丈

捌尺伍寸拾捌層共單長陸拾玖丈叁尺

第肆段　廂埽貳拾壹層寬壹丈貳尺長伍丈折見方每層長陸丈

貳拾壹層共单長壹百貳拾陸丈

第伍段　廂墊拾捌層寬壹丈貳尺長肆丈折見方每層長肆丈捌尺拾捌層共单長捌拾陸丈肆尺

第陸段　廂墊貳拾層寬壹丈肆尺長肆丈柒尺折見方每層長陸丈伍尺捌寸貳拾層共单長壹百叁拾壹丈陸尺

第柒段　廂墊貳拾壹層寬壹丈貳尺長伍丈折見方每層長陸丈貳拾壹層共单長壹百貳拾陸丈

第捌段　廂墊拾捌層寬壹丈貳尺長肆丈伍尺折見方每層長伍丈肆尺拾捌層共单長玖拾柒丈貳尺

第玖段　廂墊貳拾層寬壹丈貳尺長肆丈肆尺折見方每層長伍丈貳尺捌寸貳拾層共单長壹百零伍丈陸尺

第拾段　廂墊貳拾壹層寬壹丈貳尺長肆丈伍尺折見方每層長伍丈肆尺貳拾壹層共单長壹百拾叁丈肆尺

第拾壹段　廂墊拾玖層寬壹丈貳尺長肆丈折見方每層長肆丈捌尺拾玖層共单長玖拾壹丈貳尺

第拾貳段　廂墊拾捌層寬壹丈長肆丈貳尺折見方每層長肆丈貳尺拾捌層共单長柒拾伍丈陸尺

第拾叁段　廂墊貳拾層寬柒尺長伍丈叁尺折見方每層長叁丈柒尺壹寸貳拾層共单長柒拾肆丈貳尺

第拾肆段　廂墊拾捌層寬壹丈零伍寸長伍丈折見方每層長伍丈貳尺伍寸拾捌層共单長玖拾肆丈伍尺

第拾伍段　廂墊貳拾壹層寬壹丈貳尺長伍丈伍尺折見方每層長陸丈陸尺貳拾壹層共单長壹百叁拾捌丈陸尺

第拾陸段　廂墊貳拾層寬壹丈貳尺長陸丈叁尺折見方每層長柒丈伍尺陸寸貳拾層共单長壹百伍拾壹丈貳尺

第拾柒段　廂墊貳拾壹層寬壹丈貳尺長伍丈折見方每層長陸丈貳

拾壹層共单長壹百貳拾陸丈

第拾捌段

廂墊貳拾層寬壹丈壹尺長伍丈壹尺折見方每層長伍丈陸尺壹寸貳拾層共单長壹百拾貳丈貳尺

第拾玖段

廂墊貳拾層寬壹丈壹尺長肆丈壹尺折見方每層長肆丈伍尺壹寸貳拾層共单長玖拾丈零貳尺

第貳拾段

廂墊貳拾貳層寬壹丈長陸丈柒尺折見方每層長陸丈柒尺貳拾貳層共单長壹百肆拾柒丈肆尺

第貳拾壹段

廂墊貳拾壹層寬玖尺長陸丈折見方每層長伍丈肆尺貳拾壹層共单長壹百拾叁丈肆尺

第貳拾貳段

廂墊貳拾層寬壹丈壹尺長伍丈肆尺折見方每層長伍丈玖尺肆寸貳拾層共单長壹百拾捌丈捌尺

第貳拾叁段

廂墊拾伍層寬壹丈壹尺長貳丈陸尺折見方每層長貳丈捌尺陸寸拾伍層共单長肆拾貳丈玖尺

第貳拾肆段

廂墊拾伍層寬壹丈壹尺長貳丈柒尺折見方每層長貳丈玖尺柒寸拾伍層共单長肆拾肆丈伍尺伍寸

第貳拾伍段

廂墊拾伍層寬壹丈壹尺長肆丈玖尺折見方每層長伍丈叁尺玖寸拾伍層共单長捌拾丈零捌尺伍寸

第貳拾陸段

廂墊拾捌層寬壹丈貳尺長伍丈折見方每層長陸丈拾捌層共单長壹百零捌丈

第貳拾柒段

廂墊拾捌層寬壹丈貳尺長陸丈折見方每層長柒丈貳尺拾捌層共单長壹百貳拾玖丈陸尺

第貳拾捌段

廂墊貳拾層寬壹丈陸尺伍寸長伍丈壹尺折見方每層長捌丈肆尺壹寸伍分貳拾層共单長壹百陸拾捌丈叁尺

第貳拾玖段

廂墊貳拾層寬壹丈壹尺伍寸長肆丈捌尺折見方每層長伍丈伍尺貳寸貳拾層共单長壹百壹拾丈零肆尺

第叁拾段

廂墊貳拾層寬壹丈壹尺伍寸長伍丈貳尺折見方每層長伍

丈玖尺捌寸贰拾層共单長壹百壹拾玖丈陸尺

第叁拾壹段

廂墊贰拾層寬壹丈贰尺長伍丈叁尺折見方每層長陸丈叁尺陸寸贰拾層共单長壹百贰拾柒丈贰尺

第叁拾贰段

廂墊贰拾層寬壹丈壹尺伍寸長叁丈玖尺折見方每層長肆丈肆尺捌寸伍分贰拾層共单長捌拾玖丈柒尺

第叁拾叁段

廂墊贰拾贰層寬壹丈壹尺長肆丈折見方每層長肆丈肆尺贰拾贰層共单長玖拾陸丈捌尺

第叁拾肆段

廂墊贰拾贰層寬壹丈壹尺長肆丈折見方每層長肆丈肆尺贰拾贰層共单長玖拾陸丈捌尺

第叁拾伍段

廂墊贰拾贰層寬壹丈壹尺長肆丈折見方每層長肆丈肆尺贰拾贰層共单長玖拾陸丈捌尺

以上廂墊折見方共单長叁千陸百玖拾贰丈玖尺每廂墊壹層寬壹丈長壹丈用秫秸伍拾束該工計用秫秸拾捌萬肆千陸百

肆拾伍束查此項備防秸料係
奏准每束運運脚銀壹分零伍毫該銀壹千玖百叁拾捌兩
柒錢柒分貳厘伍毫

南岸頭工下汛宛平縣縣丞

第玖號隄長壹百捌拾丈頂寬貳丈底寬捌丈高壹丈

第壹段　廂墊拾壹層寬壹丈玖尺長伍丈折見方每層長玖丈伍尺拾
壹層共單長壹百零肆丈伍尺

第貳段　廂墊拾壹層寬壹丈玖尺長伍丈折見方每層長玖丈伍尺拾
壹層共單長壹百零肆丈伍尺

第叁段　廂墊拾貳層寬壹丈捌尺長伍丈折見方每層長玖丈拾貳
層共單長壹百零捌丈

第肆段　廂墊拾壹層寬壹丈捌尺長伍丈折見方每層長玖丈拾
壹層共單長玖拾玖丈

第伍段　廂墊拾層寬壹丈捌尺長伍丈壹尺折見方每層長玖丈壹尺捌寸拾層共单長玖拾壹丈捌尺

第陸段　廂墊拾貳層寬壹丈陸尺伍寸長伍丈折見方每層長捌丈貳尺伍寸拾貳層共单長玖拾玖丈

第柒段　廂墊拾叁層寬壹丈陸尺長伍丈折見方每層長捌丈拾叁層共单長壹百零肆丈

第捌段　廂墊拾貳層寬壹丈陸尺伍寸長伍丈折見方每層長捌丈貳尺伍寸拾貳層共单長玖拾玖丈

第玖段　廂墊拾貳層寬壹丈伍尺伍寸長伍丈折見方每層長柒丈柒尺伍寸拾貳層共单長玖拾叁丈

第拾段　廂墊拾壹層寬壹丈叁尺長伍丈折見方每層長陸丈伍尺拾壹層共单長柒拾壹丈伍尺

第拾壹段　廂墊拾壹層寬壹丈叁尺長伍丈折見方每層長陸丈伍

尺拾壹層共单長柒拾壹丈伍尺

第拾貳段

廂墊拾貳層寬壹丈貳尺伍寸長伍丈折見方每層長陸丈貳尺伍寸拾貳層共单長柒拾伍丈

第拾叁段

廂墊拾叁層寬壹丈貳尺伍寸長伍丈折見方每層長陸丈貳尺伍寸拾叁層共单長捌拾壹丈貳尺伍寸

第拾肆段

廂墊拾壹層寬壹丈叁尺長伍丈折見方每層長陸丈伍尺拾壹層共单長柒拾壹丈伍尺

第拾伍段

廂墊拾層寬壹丈貳尺長肆丈陸尺折見方每層長伍丈伍尺貳寸拾層共单長伍拾伍丈貳尺

第拾陸段

廂墊拾層寬壹丈壹尺長伍丈折見方每層長伍丈伍尺拾層共单長伍拾伍丈

第拾柒段

廂墊拾壹層寬壹丈壹尺長伍丈折見方每層長伍丈伍尺拾壹層共单長陸拾丈零伍尺

第拾捌段　廂墊拾貳層寬壹丈壹尺長伍丈折見方每層長伍丈伍尺拾貳層共单長陸拾陸丈

第拾玖段　廂墊拾貳層寬壹丈壹尺長伍丈折見方每層長伍丈伍尺拾貳層共单長陸拾陸丈

第貳拾段　廂墊拾叁層寬壹丈壹尺長伍丈折見方每層長伍丈伍尺拾叁層共单長柒拾壹丈伍尺

第貳拾壹段　廂墊拾叁層寬壹丈叁尺伍寸長伍丈折見方每層長陸丈柒尺伍寸拾叁層共单長捌拾柒丈柒尺伍寸

第貳拾貳段　廂墊拾貳層寬壹丈叁尺長伍丈折見方每層長陸丈伍尺拾貳層共单長柒拾捌丈

第貳拾叁段　廂墊拾壹層寬壹丈叁尺長伍丈折見方每層長陸丈伍尺拾壹層共单長柒拾壹丈伍尺

第貳拾肆段　廂墊拾貳層寬壹丈貳尺長伍丈折見方每層長陸丈拾

貳層共单長柒拾貳丈

第貳拾伍段

廂墊拾叁層寬壹丈貳尺長伍丈折見方每層長陸丈拾叁層共单長柒拾捌丈

第貳拾陸段

廂墊拾貳層寬壹丈貳尺長伍丈折見方每層長陸丈拾貳層共单長柒拾貳丈

第貳拾柒段

廂墊拾壹層寬壹丈叁尺長伍丈折見方每層長陸丈伍尺拾壹層共单長柒拾壹丈伍尺

第貳拾捌段

廂墊拾叁層寬壹丈叁尺長伍丈折見方每層長陸丈伍尺拾叁層共单長捌拾肆丈伍尺

第貳拾玖段

廂墊拾叁層寬壹丈叁尺長伍丈折見方每層長陸丈伍尺拾叁層共单長捌拾肆丈伍尺

第叁拾段

廂墊拾貳層寬壹丈叁尺長伍丈折見方每層長陸丈伍尺拾貳層共单長柒拾捌丈

第叁拾壹段　廂墊拾貳層寬壹丈叁尺長伍丈折見方每層長陸丈伍尺
拾貳層共單長柒拾捌丈

第叁拾貳段　廂墊拾叁層寬壹丈叁尺長伍丈折見方每層長陸丈伍尺
拾叁層共單長捌拾肆丈伍尺

第叁拾叁段　廂墊拾壹層寬壹丈叁尺長伍丈折見方每層長陸丈伍尺
拾壹層共單長柒拾壹丈伍尺

第叁拾肆段　廂墊拾貳層寬壹丈叁尺伍寸長伍丈折見方每層長陸丈柒
尺伍寸拾貳層共單長捌拾壹丈

第叁拾伍段　廂墊拾壹層寬壹丈壹尺長伍丈折見方每層長伍丈伍尺
拾壹層共單長陸拾丈零伍尺

第叁拾陸段　廂墊拾層寬壹丈叁尺長肆丈陸尺折見方每層長伍丈
玖尺捌寸拾層共單長伍拾玖丈捌尺

第拾壹號隄長壹百捌拾丈頂寬叁丈貳尺底寬玖丈高壹丈

第壹段

廂墊拾層寬壹丈肆尺長柒丈折見方每層長玖丈捌

尺拾層共单長玖拾捌丈

第貳段

廂墊捌層寬壹丈叄尺長叄丈折見方每層長叄丈玖尺

捌層共单長叄拾壹丈貳尺

第叄段

廂墊玖層寬壹丈肆尺長伍丈折見方每層長柒丈玖

層共单長陸拾叄丈

第肆段

廂墊拾層寬壹丈叄尺長伍丈折見方每層長陸丈伍尺

拾層共单長陸拾伍丈

第伍段

廂墊拾層寬壹丈叄尺長伍丈折見方每層長陸丈伍尺拾

層共单長陸拾伍丈

第陸段

廂墊拾壹層寬壹丈貳尺長伍丈折見方每層長陸丈拾

壹層共单長陸拾陸丈

第柒段

廂墊拾壹層寬壹丈玖尺長伍丈伍尺折見方每層長拾

丈肆尺伍寸拾壹層共單長壹百拾肆丈玖尺伍寸

第捌段

廂墊拾層寬壹丈玖尺長伍丈伍尺折見方每層長拾丈肆尺
伍寸拾層共單長壹百零肆丈伍尺

第玖段

廂墊拾層寬壹丈柒尺伍寸長伍丈伍尺折見方每層長玖丈陸尺貳
寸伍分拾層共單長玖拾陸丈貳尺伍寸

第拾段

廂墊拾層寬壹丈柒尺伍寸長伍丈伍尺折見方每層長玖丈陸尺
貳寸伍分拾層共單長玖拾陸丈貳尺伍寸

第拾壹段

廂墊拾壹層寬壹丈柒尺伍寸長伍丈折見方每層長捌丈柒尺
伍寸拾壹層共單長玖拾陸丈貳尺伍寸

第拾貳段

廂墊拾層寬壹丈柒尺伍寸長伍丈叁尺折見方每層長玖丈貳尺
柒寸伍分拾層共單長玖拾貳丈柒尺伍寸

第拾叁段

廂墊拾層寬玖尺伍寸長肆丈伍尺折見方每層長肆丈貳尺
柒寸伍分拾層共單長肆拾貳丈柒尺伍寸

第拾肆段

廂墊玖層寬壹丈零伍寸長肆丈折見方每層長肆丈貳

尺玖層共单長叁拾柒丈捌尺

第拾伍段

廂墊捌層寬壹丈壹尺長肆丈伍尺折見方每層長肆丈玖

尺伍寸捌層共单長叁拾玖丈陸尺

以上廂墊折見方共单長叁千玖百柒拾丈零壹尺每廂墊壹

層寬壹丈長壹丈用秫秸伍拾束該工計用秫秸拾玖萬捌千

伍百零伍束查此項係防秸料係

奏准每束連運脚銀壹分零伍毫該銀貳千零捌拾肆

兩叁錢零貳厘伍毫

南岸貳工良鄉縣縣丞

第柒號隄長壹百捌拾丈頂寬貳丈伍尺底寬柒丈高捌尺

第壹段

廂墊拾層寬壹丈長伍丈叁尺折見方每層長伍丈叁

尺拾層共单長伍拾叁丈

第貳段　廂墊拾壹層寬壹丈貳尺長伍丈折見方每層長陸丈拾壹層共單長陸拾陸丈

第叁段　廂墊拾層寬壹丈長伍丈壹尺折見方每層長伍丈壹尺拾層共單長伍拾壹丈

第肆段　廂墊玖層寬玖尺長伍丈折見方每層長肆丈伍尺玖層共單長肆拾丈零伍尺

第伍段　廂墊玖層寬壹丈壹尺長伍丈折見方每層長伍丈伍尺玖層共單長肆拾玖丈伍尺

第陸段　廂墊拾層寬壹丈叁尺長伍丈伍尺折見方每層長柒丈壹尺伍寸拾層共單長柒拾壹丈伍尺

第柒段　廂墊拾壹層寬壹丈貳尺長伍丈伍尺折見方每層長陸丈陸尺拾壹層共單長柒拾貳丈陸尺

第捌段　廂墊拾貳層寬壹丈貳尺長陸丈折見方每層長柒丈

貳尺拾貳層共單長捌拾陸丈肆尺

第玖段

廂墊拾層寬壹丈壹尺伍寸長肆丈陸尺折見方每層長伍丈貳尺玖寸拾層共單長伍拾貳丈玖尺

第拾段

廂墊玖層寬壹丈貳尺長肆丈伍尺折見方每層長伍丈肆尺玖層共單長肆拾捌丈陸尺

第拾壹段

廂墊玖層寬壹丈壹尺長肆丈折見方每層長肆丈肆尺玖層共單長叁拾玖丈陸尺

第拾貳段

廂墊拾層寬壹丈壹尺伍寸長伍丈折見方每層長伍丈柒尺伍寸拾層共單長伍拾柒丈伍尺

第拾叁段

廂墊拾壹層寬壹丈貳尺長伍丈折見方每層長陸丈拾壹層共單長陸拾陸丈

第拾肆段

廂墊拾層寬壹丈貳尺長伍丈折見方每層長陸丈拾層共單長陸拾丈

第拾伍段　廂墊拾層寬壹丈貳尺長伍丈折見方每層長陸丈拾層共单長陸拾丈

第拾陸段　廂墊拾壹層寬壹丈貳尺長伍丈折見方每層長陸丈拾壹層共单長陸拾陸丈

第拾柒段　廂墊拾壹層寬壹丈貳尺長伍丈折見方每層長陸丈拾壹層共单長陸拾陸丈

第拾捌段　廂墊拾貳層寬壹丈貳尺長伍丈折見方每層長陸丈拾貳層共单長柒拾貳丈

第拾玖段　廂墊拾層寬壹丈貳尺長伍丈折見方每層長陸丈拾層共单長陸拾丈

第貳拾段　廂墊拾壹層寬壹丈貳尺長伍丈折見方每層長陸丈拾壹層共单長陸拾陸丈

第貳拾壹段　廂墊拾壹層寬壹丈貳尺長伍丈折見方每層長陸丈拾

壹層共单長陸拾陸丈

第貳拾貳段

廂墊拾貳層寬壹丈貳尺長伍丈折見方每層長陸丈拾貳層共单長柒拾貳丈

第貳拾叁段

廂墊拾貳層寬壹丈貳尺長伍丈折見方每層長陸丈拾貳層共单長柒拾貳丈

第貳拾肆段

廂墊拾壹層寬壹丈貳尺長伍丈折見方每層長陸丈拾壹層共单長陸拾陸丈

第貳拾伍段

廂墊拾壹層寬壹丈貳尺長伍丈折見方每層長陸丈拾壹層共单長陸拾陸丈

第貳拾陸段

廂墊拾層寬壹丈貳尺長伍丈折見方每層長陸丈拾層共单長陸拾丈

第貳拾柒段

廂墊拾壹層寬壹丈貳尺長伍丈折見方每層長陸丈拾壹層共单長陸拾陸丈

第貳拾捌段

廂墊拾層寬壹丈貳尺長伍丈折見方每層長陸丈

拾層共單長陸拾丈

第貳拾玖段

廂墊拾貳層寬壹丈貳尺長伍丈折見方每層長陸丈拾

貳層共單長柒拾貳丈

第叁拾段

廂墊拾壹層寬壹丈貳尺長伍丈折見方每層長陸丈拾

壹層共單長陸拾陸丈

第叁拾壹段

廂墊拾壹層寬壹丈貳尺長伍丈折見方每層長陸丈拾壹

層共單長陸拾陸丈

第叁拾貳段

廂墊拾貳層寬壹丈貳尺長伍丈折見方每層長陸丈拾

貳層共單長柒拾貳丈

第叁拾叁段

廂墊拾貳層寬壹丈貳尺長伍丈折見方每層長陸丈拾

貳層共單長柒拾貳丈

第叁拾肆段

廂墊拾壹層寬壹丈貳尺長伍丈折見方每層長陸丈拾

壹層共單長陸拾陸丈

第捌號隄長壹百捌拾丈頂寬貳丈伍尺底寬柒丈高捌尺

第壹段　廂墊拾壹層寬壹丈貳尺長伍丈折見方每層長陸丈拾壹層共單長陸拾陸丈

第貳段　廂墊拾壹層寬壹丈貳尺長伍丈折見方每層長陸丈拾壹層共單長陸拾陸丈

第叁段　廂墊拾貳層寬壹丈貳尺長伍丈折見方每層長陸丈拾貳層共單長柒拾貳丈

第肆段　廂墊拾壹層寬壹丈貳尺長伍丈折見方每層長陸丈拾壹層共單長陸拾陸丈

第伍段　廂墊拾貳層寬壹丈貳尺長伍丈折見方每層長陸丈拾貳層共單長柒拾貳丈

第陸段　廂墊拾貳層寬壹丈貳尺長伍丈折見方每層長陸丈拾

貳層共單長柒拾貳丈

第柒段

廂墊拾壹層寬壹丈貳尺長伍丈折見方每層長陸丈拾壹層共單長陸拾陸丈

第捌段

廂墊拾貳層寬壹丈貳尺長伍丈折見方每層長陸丈拾貳層共單長柒拾貳丈

第玖段

廂墊拾層寬壹丈貳尺長伍丈折見方每層長陸丈拾層共單長陸拾丈

第拾段

廂墊拾壹層寬壹丈貳尺長伍丈折見方每層長陸丈拾壹層共單長陸拾陸丈

第拾壹段

廂墊拾層寬壹丈貳尺長伍丈折見方每層長陸丈拾層共單長陸拾丈

第拾貳段

廂墊拾壹層寬壹丈貳尺長伍丈折見方每層長陸丈拾壹層共單長陸拾陸丈

第拾叁段

廂墊拾貳層寬壹丈貳尺長伍丈折見方每層長陸丈拾貳層共單長柒拾貳丈

第拾肆段

廂墊拾壹層寬壹丈貳尺長伍丈折見方每層長陸丈拾壹層共單長陸拾陸丈

第拾伍段

廂墊拾層寬壹丈貳尺長伍丈折見方每層長陸丈拾層共單長陸拾丈

第拾陸段

廂墊拾壹層寬壹丈貳尺長伍丈折見方每層長陸丈拾壹層共單長陸拾陸丈

第拾柒段

廂墊拾貳層寬壹丈貳尺長伍丈折見方每層長陸丈拾貳層共單長柒拾貳丈

第拾捌段

廂墊拾貳層寬壹丈貳尺長伍丈折見方每層長陸丈拾貳層共單長柒拾貳丈

第拾玖段

廂墊拾壹層寬壹丈貳尺長伍丈折見方每層長陸丈拾

壹層共单長陸拾陸丈

第貳拾段

廂墊拾壹層寬壹丈貳尺長伍丈折見方每層長陸丈
拾壹層共单長陸拾陸丈

第貳拾壹段

廂墊拾壹層寬壹丈貳尺長伍丈折見方每層長陸丈
拾壹層共单長陸拾陸丈

第貳拾貳段

廂墊拾貳層寬壹丈貳尺長伍丈折見方每層長陸丈拾貳
層共单長柒拾貳丈

第貳拾叁段

廂墊拾貳層寬壹丈貳尺長伍丈折見方每層長陸丈
拾貳層共单長柒拾貳丈

第貳拾肆段

廂墊拾貳層寬壹丈貳尺長伍丈折見方每層長陸
丈拾貳層共单長柒拾貳丈

第貳拾伍段

廂墊拾壹層寬壹丈貳尺長伍丈折見方每層長陸
丈拾壹層共单長陸拾陸丈

第貳拾陸段

廂墊拾壹層寬壹丈貳尺長伍丈折見方每層長陸丈拾壹層共单長陸拾陸丈

第貳拾柒段

廂墊拾層寬壹丈貳尺長伍丈折見方每層長陸丈拾層共单長陸拾丈

第貳拾捌段

廂墊拾層寬壹丈貳尺長伍丈折見方每層長陸丈拾層共单長陸拾丈

第貳拾玖段

廂墊拾壹層寬壹丈貳尺長伍丈折見方每層長陸丈拾壹層共单長陸拾陸丈

第叁拾段

廂墊拾壹層寬壹丈貳尺長伍丈折見方每層長陸丈拾壹層共单長陸拾陸丈

第叁拾壹段

廂墊拾貳層寬壹丈貳尺長伍丈折見方每層長陸丈拾貳層共单長柒拾貳丈

第叁拾貳段

廂墊拾壹層寬壹丈貳尺長伍丈折見方每層長陸丈

拾壹層共單長陸拾陸丈

第叁拾叁段　廂墊拾貳層寬壹丈貳尺長伍丈折見方毎層長陸丈拾貳層共單長柒拾貳丈

第叁拾肆段　廂墊拾壹層寬壹丈貳尺長伍丈折見方毎層長陸丈拾壹層共單長陸拾陸丈

第叁拾伍段　廂墊拾層寬壹丈貳尺長伍丈折見方毎層長陸丈拾層共單長陸拾丈

第拾陸號隄長壹百捌拾丈頂寬叁丈底寬柒丈高壹丈

第壹段　廂墊拾貳層寬壹丈貳尺長伍丈折見方毎層長陸丈拾貳層共單長柒拾貳丈

第貳段　廂墊拾叁層寬壹丈貳尺長伍丈折見方毎層長陸丈拾叁層共單長柒拾捌丈

第叁段　廂墊拾貳層寬壹丈貳尺長伍丈折見方毎層長陸丈

拾貳層共単長柒拾貳丈

第肆段　廂墊拾壹層寬壹丈貳尺長伍丈折見方每層長陸丈

拾壹層共単長陸拾陸丈

第伍段　廂墊拾壹層寬壹丈貳尺長伍丈折見方每層長陸丈

拾壹層共単長陸拾陸丈

第陸段　廂墊拾叁層寬壹丈貳尺長伍丈折見方每層長陸丈

拾叁層共単長柒拾捌丈

第柒段　廂墊拾貳層寬壹丈貳尺長伍丈折見方每層長陸

丈拾貳層共単長柒拾貳丈

第捌段　廂墊拾貳層寬壹丈貳尺長伍丈折見方每層長陸丈拾

貳層共単長柒拾貳丈

第玖段　廂墊拾叁層寬壹丈貳尺長伍丈折見方每層長陸丈

拾叁層共単長柒拾捌丈

第拾段

廂墊拾壹層寬壹丈貳尺長伍丈折見方每層長陸丈
拾壹層共單長陸拾陸丈

第拾壹段

廂墊拾貳層寬壹丈貳尺長伍丈折見方每層長陸丈
拾貳層共單長柒拾貳丈

第拾貳段

廂墊拾壹層寬壹丈貳尺長伍丈折見方每層長陸丈
拾壹層共單長陸拾陸丈

第拾叁段

廂墊拾層寬壹丈貳尺長伍丈折見方每層長陸丈
拾層共單長陸拾丈

第拾肆段

廂墊拾層寬壹丈貳尺長伍丈折見方每層長陸丈
拾層共單長陸拾丈

第拾伍段

廂墊拾壹層寬壹丈貳尺長伍丈折見方每層長陸丈
拾壹層共單長陸拾陸丈

第拾陸段

廂墊拾貳層寬壹丈貳尺長伍丈折見方每層長陸丈拾

貳層共单長柒拾貳丈

第拾柒段

廂墊拾壹層寬壹丈貳尺長伍丈折見方每層長陸丈拾壹層共单長陸拾陸丈

第拾捌段

廂墊拾貳層寬壹丈貳尺長伍丈折見方每層長陸丈拾貳層共单長柒拾貳丈

第拾玖段

廂墊拾叁層寬壹丈貳尺長陸丈折見方每層長柒丈貳尺拾叁層共单長玖拾叁丈陸尺

第貳拾段

廂墊拾貳層寬壹丈貳尺長陸丈折見方每層長柒丈貳尺拾貳層共单長捌拾陸丈肆尺

第貳拾壹段

廂墊拾叁層寬壹丈貳尺長伍丈伍尺折見方每層長陸丈陸尺拾叁層共单長捌拾伍丈捌尺

第貳拾貳段

廂墊拾壹層寬壹丈貳尺長伍丈伍尺折見方每層長陸丈陸尺拾壹層共单長柒拾貳丈陸尺

第貳拾叁段

廂埽拾叁層寬壹丈叁尺長伍丈折見方每層長陸丈伍尺

拾叁層共單長捌拾肆丈伍尺

第貳拾肆段

廂埽拾壹層寬壹丈叁尺長肆丈折見方每層長伍丈貳尺

拾壹層共單長伍拾柒丈貳尺

第貳拾伍段

廂埽拾壹層寬壹丈叁尺長陸丈折見方每層長柒丈捌尺

拾壹層共單長捌拾伍丈捌尺

以上廂埽折見方共單長陸千叁百拾叁丈每廂埽壹層寬壹

丈長壹丈用秫稭伍拾束該工計用秫稭叁拾壹萬伍千陸

百伍拾束查此項備防稭料係

奏准每束連運脚銀壹分零伍毫該銀叁千叁百拾肆兩叁

錢貳分伍厘

南岸叁工涿州州判

第玖號隄長壹百捌拾丈頂寬貳丈伍尺底寬柒丈伍尺高玖尺

第壹段　　廂墊拾層寬壹丈貳尺長叁丈伍尺折見方每層長肆丈貳尺拾層共单長肆拾貳丈

第貳段　　廂墊拾壹層寬壹丈壹尺長伍丈折見方每層長伍丈伍尺拾壹層共单長陸拾丈零伍尺

第叁段　　廂墊拾層寬壹丈貳尺長陸丈折見方每層長柒丈貳尺拾層共单長柒拾貳丈

第肆段　　廂墊拾層寬壹丈貳尺長叁丈陸尺折見方每層長肆丈叁尺貳寸拾層共单長肆拾叁丈貳尺

第伍段　　廂墊拾壹層寬壹丈貳尺長伍丈折見方每層長陸丈拾壹層共单長陸拾陸丈

第陸段　　廂墊拾層寬壹丈長叁丈折見方每層長叁丈拾層共单長叁拾丈

第柒段　　廂墊拾層寬壹丈壹尺長肆丈伍尺折見方每層長肆丈玖

尺伍寸拾層共單長肆拾玖丈伍尺

第捌段　廂墊拾壹層寬壹丈壹尺長貳丈折見方每層長貳丈貳尺拾壹層共單長貳拾肆丈貳尺

第玖段　廂墊拾壹層寬壹丈長叁丈折見方每層長叁丈拾壹層共單長叁拾叁丈

第拾段　廂墊拾壹層寬壹丈長貳丈伍尺折見方每層長貳丈伍尺拾壹層共單長貳拾柒丈伍尺

第拾壹段　廂墊拾層寬壹丈壹尺長叁丈伍尺折見方每層長叁丈捌尺伍寸拾層共單長叁拾捌丈伍尺

第拾貳段　廂墊拾壹層寬壹丈長叁丈折見方每層長叁丈拾壹層共單長叁拾叁丈

第拾叁段　廂墊拾貳層寬壹丈壹尺長伍丈折見方每層長伍丈伍尺拾貳層共單長陸拾陸丈

第拾肆段　廂墊拾層寬壹丈長叁丈折見方每層長叁丈拾層共单長叁拾丈

第拾伍段　廂墊拾壹層寬壹丈長肆丈折見方每層長肆丈拾壹層共单長肆拾肆丈

第拾陸段　廂墊拾貳層寬壹丈陸尺長伍丈折見方每層長捌丈拾貳層共单長玖拾陸丈

第拾柒段　廂墊拾層寬壹丈陸尺長肆丈叁尺折見方每層長陸丈捌尺捌寸拾層共单長陸拾捌丈捌尺

第拾捌段　廂墊拾貳層寬壹丈柒尺長肆丈伍尺折見方每層長柒丈陸尺伍寸拾貳層共单長玖拾壹丈捌尺

第拾叁號隄長壹百捌拾丈頂寬叁丈底寬捌丈高壹丈

第壹段　廂墊捌層寬壹丈叁尺長肆丈伍尺折見方每層長伍丈捌尺伍寸捌層共单長肆拾陸丈捌尺

第貳段　廂墊捌層寬壹丈叁尺長肆丈伍尺折見方每層長伍丈捌尺
伍寸捌層共單長肆拾陸丈捌尺

第叁段　廂墊玖層寬壹丈肆尺長肆丈伍尺折見方每層長陸丈
叁尺玖層共單長伍拾陸丈柒尺

第肆段　廂墊拾層寬壹丈肆尺長肆丈伍尺折見方每層長陸丈
叁尺拾層共單長陸拾叁丈

第伍段　廂墊玖層寬壹丈肆尺長肆丈伍尺折見方每層長陸丈叁尺
玖層共單長伍拾陸丈柒尺

第陸段　廂墊拾壹層寬壹丈肆尺長肆丈伍尺折見方每層長陸丈
叁尺拾壹層共單長陸拾玖丈叁尺

第柒段　廂墊玖層寬壹丈肆尺長肆丈伍尺折見方每層長陸丈
叁尺玖層共單長伍拾陸丈柒尺

第捌段　廂墊拾肆層寬壹丈肆尺長肆丈伍尺折見方每層長陸

丈叁尺拾肆層共単長捌拾捌丈貳尺

第玖段

廂墊拾叁層寛壹丈伍尺長伍丈折見方毎層長柒丈伍尺拾叁層共単長玖拾柒丈伍尺

第拾段

廂墊拾伍層寛壹丈伍尺長伍丈折見方毎層長柒丈伍尺拾伍層共単長壹百拾貳丈伍尺

第拾壹段

廂墊拾伍層寛壹丈伍尺長伍丈折見方毎層長柒丈伍尺拾伍層共単長壹百拾貳丈伍尺

第拾貳段

廂墊拾伍層寛貳丈長伍丈伍尺折見方毎層長拾壹丈拾伍層共単長壹百陸拾伍丈

第拾叁段

廂墊拾肆層寛貳丈長伍丈伍尺折見方毎層長拾壹丈拾肆層共単長壹百伍拾肆丈

第拾肆段

廂墊拾肆層寛貳丈長伍丈伍尺折見方毎層長拾壹丈拾肆層共単長壹百伍拾肆丈

第拾伍段　廂埽拾肆層寬貳丈長伍丈伍尺折見方每層長拾壹丈
拾肆層共单長壹百伍拾肆丈

第拾陸段　廂埽拾伍層寬貳丈長陸丈折見方每層長拾貳丈拾
伍層共单長壹百捌拾丈

第拾柒段　廂埽拾肆層寬貳丈長陸丈折見方每層長拾貳丈
拾肆層共单長壹百陸拾捌丈

以上廂埽折見方共单長貳千陸百玖拾柒丈柒尺每廂埽壹層
寬壹丈長壹丈用秫秸伍拾束該工計用秫秸拾叁萬肆
千捌百捌拾伍束查此項俻防秸料係
奏准每束連運脚銀壹分零伍毫該銀壹千肆百壹拾陸
兩貳錢玖分貳厘伍毫

南岸肆工固安縣縣丞一
第伍號隄長壹百捌拾丈頂寬叁丈底寬柒丈高玖尺

第壹段　廂墊拾層寬壹丈壹尺長伍丈玖尺折見方每層長陸丈肆尺玖寸拾層共单長陸拾肆丈玖尺

第貳段　廂墊拾層寬壹丈壹尺長伍丈捌尺折見方每層長陸丈叁尺捌寸拾層共单長陸拾叁丈捌尺

第叁段　廂墊拾伍層寬壹丈貳尺長伍丈伍尺折見方每層長陸丈陸尺拾伍層共单長玖拾玖丈

第肆段　廂墊拾層寬壹丈壹尺伍寸長伍丈壹尺折見方每層長伍丈捌尺陸寸伍分拾層共单長伍拾捌丈陸尺伍寸

第伍段　廂墊拾伍層寬壹丈貳尺長伍丈折見方每層長陸丈拾伍層共单長玖拾丈

第陸段　廂墊拾伍層寬壹丈貳尺長伍丈伍尺折見方每層長陸丈陸尺拾伍層共单長玖拾玖丈

第柒段　廂墊拾伍層寬壹丈貳尺長伍丈伍尺折見方每層長陸丈

陸尺拾伍層共单長玖拾玖丈

第捌段　廂墊拾伍層寬壹丈貳尺長肆丈伍尺折見方毎層長伍丈肆尺

拾伍層共单長捌拾壹丈

第玖段　廂墊拾肆層寬壹丈貳尺長肆丈折見方毎層長肆丈捌尺

拾肆層共单長陸拾柒丈貳尺

第拾段　廂墊拾陸層寬壹丈壹尺長伍丈折見方毎層長伍丈伍尺拾陸

層共单長捌拾捌丈

第拾壹段　廂墊拾層寬壹丈壹尺長肆丈捌尺折見方毎層長伍丈貳

尺捌寸拾層共单長伍拾貳丈捌尺

第拾貳段　廂墊拾伍層寬壹丈貳尺長伍丈折見方毎層長陸丈拾伍層

共单長玖拾丈

第拾叁段　廂墊拾伍層寬壹丈壹尺長伍丈折見方毎層長伍丈伍尺拾

伍層共单長捌拾貳丈伍尺

第拾肆段

廂墊拾伍層寬壹丈壹尺長伍丈折見方每層長伍丈伍尺
拾伍層共單長捌拾貳丈伍尺

第拾伍段

廂墊拾伍層寬壹丈長伍丈折見方每層長伍丈拾伍層
共單長柒拾伍丈

第拾陸段

廂墊拾伍層寬壹丈長伍丈折見方每層長伍丈拾伍層
共單長柒拾伍丈

第拾柒段

廂墊拾伍層寬壹丈長伍丈折見方每層長伍丈拾伍
層共單長柒拾伍丈

第拾捌段

廂墊拾陸層寬壹丈長伍丈折見方每層長伍丈拾陸
層共單長捌拾丈

第拾玖段

廂墊拾陸層寬壹丈長伍丈折見方每層長伍丈拾陸層
共單長捌拾丈

第貳拾段

廂墊拾陸層寬壹丈長伍丈折見方每層長伍丈拾

陸層共单長捌拾丈

第貳拾壹段

廂墊拾肆層寬壹丈長伍丈折見方每層長伍丈拾肆層共单長柒拾丈

第貳拾貳段

廂墊拾伍層寬壹丈貳尺長伍丈折見方每層長陸丈拾伍層共单長玖拾丈

第貳拾叁段

廂墊拾伍層寬壹丈貳尺長肆丈折見方每層長肆丈捌尺拾伍層共单長柒拾貳丈

第貳拾肆段

廂墊拾壹層寬壹丈貳尺長伍丈折見方每層長陸丈拾壹層共单長陸拾陸丈

第貳拾伍段

廂墊拾層寬壹丈貳尺長伍丈伍尺折見方每層長陸丈陸尺拾層共单長陸拾陸丈

第貳拾陸段

廂墊拾層寬壹丈壹尺長伍丈伍尺折見方每層長陸丈零伍寸拾層共单長陸拾丈零伍尺

第貳拾柒段　廂墊拾壹層寬壹丈陸尺長伍丈折見方每層長捌丈拾
壹層共單長捌拾捌丈

第貳拾捌段　廂墊拾層寬壹丈叁尺長叁丈肆尺折見方每層長肆丈
肆尺貳寸拾層共單長肆拾肆丈貳尺

第拾貳號隄長壹百捌拾丈頂寬叁丈底寬拾丈高壹丈

第壹段　廂墊陸層寬壹丈壹尺長伍丈折見方每層長伍丈伍尺陸
層共單長叁拾叁丈

第貳段　廂墊陸層寬壹丈壹尺長伍丈折見方每層長伍丈伍尺
陸層共單長叁拾叁丈

第叁段　廂墊柒層寬壹丈壹尺長伍丈折見方每層長伍丈伍尺
柒層共單長叁拾捌丈伍尺

第肆段　廂墊伍層寬壹丈壹尺長伍丈折見方每層長伍丈伍尺
伍層共單長貳拾柒丈伍尺

第伍段　廂墊陸層寬壹丈壹尺長伍丈折見方每層長伍丈伍尺陸層共單長叁拾叁丈

第陸段　廂墊陸層寬壹丈壹尺長伍丈折見方每層長伍丈伍尺陸層共單長叁拾叁丈

第柒段　廂墊柒層寬壹丈壹尺長伍丈折見方每層長伍丈伍尺柒層共單長叁拾捌丈伍尺

第捌段　廂墊陸層寬壹丈壹尺長伍丈折見方每層長伍丈伍尺陸層共單長叁拾叁丈

第玖段　廂墊陸層寬壹丈壹尺長伍丈折見方每層長伍丈伍尺陸層共單長叁拾叁丈

第拾段　廂墊柒層寬壹丈壹尺長伍丈折見方每層長伍丈伍尺柒層共單長叁拾捌丈伍尺

第拾壹段　廂墊陸層寬壹丈壹尺長伍丈折見方每層長伍丈伍尺

陸層共单長叁拾叁丈

第拾貳段

廂墊伍層寬壹丈壹尺長伍丈折見方每層長伍丈伍尺伍層共单長貳拾柒丈伍尺

第拾叁段

廂墊陸層寬壹丈壹尺長伍丈折見方每層長伍丈伍尺陸層共单長叁拾叁丈

第拾肆段

廂墊柒層寬壹丈壹尺長伍丈折見方每層長伍丈伍尺柒層共单長叁拾捌丈伍尺

第拾伍段

廂墊陸層寬壹丈壹尺長伍丈折見方每層長伍丈伍尺陸層共单長叁拾叁丈

第拾陸段

廂墊捌層寬壹丈零伍寸長伍丈壹尺折見方每層長伍丈叁尺伍寸伍分捌層共单長肆拾貳丈捌尺肆寸

第拾柒段

廂墊捌層寬壹丈零伍寸長肆丈玖尺折見方每層長伍丈壹尺肆寸伍分捌層共单長肆拾壹丈壹尺陸寸

第拾捌段

廂墊柒層寬壹丈長伍丈折見方每層長伍丈柒層共單長叁拾伍丈

第拾玖段

廂墊陸層寬壹丈壹尺伍寸長伍丈折見方每層長伍丈柒尺伍寸陸層共單長叁拾肆丈伍尺

第　貳拾段

廂墊伍層寬壹丈壹尺長伍丈折見方每層長伍丈伍尺伍層共單長貳拾柒丈伍尺

第貳拾壹段

廂墊伍層寬壹丈壹尺伍寸長伍丈伍尺折見方每層長陸丈叁尺貳寸伍分伍層共單長叁拾壹丈陸尺貳寸伍分

第貳拾貳段

廂墊伍層寬壹丈壹尺伍寸長伍丈伍尺折見方每層長陸丈叁尺貳寸伍分伍層共單長叁拾壹丈陸尺貳寸伍分

第貳拾叁段

廂墊陸層寬壹丈貳尺伍寸長肆丈捌尺折見方每層長陸丈陸層共單長叁拾陸丈

以上廂墊折見方共單長貳千玖百貳拾陸丈叁尺每廂墊壹層

寬壹丈長壹丈用秫秸伍拾束該工計用秫秸拾肆萬陸
千叁百壹拾伍束查此項備防秸料係
奏准每束連運脚銀壹分零伍毫該銀壹千伍百叁拾
陸兩叁錢零柒厘伍毫
以上南岸伍汛共用備防秸料玖拾捌萬束連運脚共該銀壹萬
零貳百玖拾兩

光緒拾柒年拾貳月　拾捌　日